suncolor

悖論

破解科學史上最複雜的
9大謎團

Paradox
The Nine Greatest Enigmas
in Science

Jim Al-Khalili
吉姆・艾爾―卡利里 著
戴凡惟 譯

獻給茱莉（Julie）、大衛（David）與凱特（Kate）

誌謝

　　我在撰寫這本書的過程中獲得極大的樂趣。本書的大半內容是我在教授大學部物理課程時慢慢累積而成的。我曾經在課堂上運用許多悖論，來強調並解釋相對論和量子論中許多難以理解的概念，這些悖論將會在往後的章節中仔細探討。儘管如此，我依然得感謝下面這些人在過去一年來的建議與支持：我的版權代理人派翠克‧渥許（Patrick Walsh）總是不吝於提供友善的鼓勵，一如以往；Transworld 的編輯賽門‧索羅古德（Simon Thorogood）以及 Crown 的編輯凡妮莎‧莫比利（Vanessa Mobley）也是如此。我也非常感謝負責審稿的姬蓮‧桑默史蓋爾（Gillian Somerscales）給予許多有用的建議、訂正錯誤，鍥而不捨地讓我的解說盡可能清晰明確。我也想向多年來在薩里大學教過的數百位大學部學生表達感謝，他們讓我在面對現代物理的微妙概念時，能夠保持誠實。最後但同樣重要的是，我要感謝我的太太茱莉，永遠支持與鼓勵我所做的一切。

反其道而行的科普奇書

葉李華（《胡桃裡的宇宙》譯者）

　　所謂的科普書或通俗科學讀物，顧名思義都是以盡量通俗易懂的方式來推廣科學知識。至於如何做到通俗易懂，不同的作者自有不同的法門，例如文筆生動、深入淺出、風趣幽默；例如多舉例子、多講故事而少談學理；又例如盡可能圖文並茂，甚至乾脆以漫畫形式呈現。可是從另一個角度來看，這些法門萬變不離其宗，都是把科學知識軟化之後，用直接的方式灌輸給讀者。只要用心閱讀，你便能學到其中的知識，這就是標準的「學而知之」。

　　然而，本書卻大膽地反其道而行，先利用一個個費解的悖論，令讀者陷入五里霧中，然後再以充滿趣味的方式，鍥而不捨地追根究柢。等到真相大白之際，讀者除了茅塞頓開，還能充分享受到解謎的樂趣。因此閱讀本書時，你並非直接增長見識，而是經歷了一番境界更高的學習過程，所謂的「困而知之」是也。

　　本書最引人入勝之處，正是作者藝高人膽大，敢於挑戰「悖論」這個高難度的主題。為了提綱挈領，底下先試著將書中提到的各種悖論用最通俗的語言整理一遍，括弧中則是內文所採用的正式譯名。

　　一、無解的悖論（真悖論）。

　　二、有解的悖論（認知悖論）：又可細分為「惡性的」（似是而非的悖論）以及「良性的」（似非而是的悖論）。

　　根據這個簡單的分類，我們便能輕輕鬆鬆地認識本書的結構。比方說，第一章是利用幾個數學問題，來介紹「有解的悖論」如何區分為惡性和良性兩種。前者包括「消失的一塊錢之謎」、「伯特蘭箱子悖論」，後者則有「生日悖論」和「蒙提霍爾悖論」。

　　值得一提的是，本書雖以物理學為主軸，卻刻意用數學（主要是機率論）來開場，這個安排可謂用心良苦。正如作者所說，這幾個數學悖論本身都很單純，不必任何預備知識便能消化吸收，因此很適合當成暖身操。就這點而言，本章或許更適合稱為「第零章」。

　　從第二章到第十章則是本書的主要內容，亦即物理學中的九個著名悖論。這些悖論幾乎都是「有解的悖論」，只有第七章是唯一的例外，因為「祖父悖論」牴觸了邏輯，是個標準的無解悖論。然而山不轉路轉，物理學家居然想到用「平行宇宙」這個巧門來另闢蹊徑，看到這裡，想必大家都會忍不住拍案叫絕。

　　事實上，在閱讀這九章的過程中，類似的經驗會一而再、再而三地出現。一開始的時候，每個悖論都會令人感到山窮水盡疑無路，但隨著作者仔細抽絲剝繭，我們便能逐漸瞭解科學家如何利用種種巧思，開創出柳暗花明的新境界。

　　本書作者是我十分喜愛的科普節目主持人，在此之前，我早已看過他擔綱的許多科普影集，每每受益良多。讀完本書後，我才驚覺他的科普寫作也是一絕，稱之為科普全才絕不為過。

　　最後我想大聲說一句：Nice Job, Jim!

推薦序

享受閱讀與思考的愉快

簡麗賢（北一女中物理教師）

今年大學入學學測國文作文題目是「人間愉快」。新聞記者訪談時，有考生表示行善是人間愉快的事；有人書寫凡事轉念，往正向積極面思考就能愉快；有人認為徜徉在大自然中是愉快的事；也有人認為沉浸在有趣的書海中是人間一大樂事。

如何「人間愉快」？我覺得能與書為友，與作者譯者為友，享受閱讀與思考的樂趣，就是人間愉快的事。

孔子說：「學而不思則罔，思而不學則殆。」閱讀一本書，不能只是讀，還要能思考，讀與思並行，才能沉浸在閱讀的樂趣中，創造源源不絕的頓悟，體現朱熹〈觀書有感〉「問渠哪得清如許？為有源頭活水來」。

閱讀三采文化出版的《悖論：破解科學史上最複雜的9大謎團》，我完全沉浸在文字與思考中，這是一本不宜快讀瀏覽的書，而是適合慢慢咀嚼玩味的科普書，每一篇章都令我忍不住要思考作者傳達的意涵，所說的這一段話或所舉的例子是否言之有理，符合物理概念嗎？是否掉入語言表述的陷阱中？其實，譯者在翻譯文章時，也是在思考，思考作者的某一段話是否「口誤」？是否「用詞不夠精準」？是否會讓讀者誤會作者傳達的意思？這是讀者閱讀時

的樂趣，也是讀者與作者交流的時候。

閱讀，不是單方面的事，而是讀者與作者、譯者的「共讀」。

這本書的內容，包含數學機率與物理的思維，例如〈綜藝秀裡的悖論〉含括語言與數字的思考，「消失的一塊錢之謎」、「伯特蘭箱子」等悖論，讀者閱讀時要冷靜清晰思考，讀後思考，饒富趣味。第二章〈阿基里斯與烏龜〉，談及「運動場悖論」及「季諾悖論與量子力學」，閱讀時除了牛頓和愛因斯坦來陪伴外，讀者也要親近海森堡、薛丁格及包立等知名物理學家。第三章〈奧伯斯悖論〉內容引人入勝，讀者可要邊讀邊思考，步調緩一緩，偶而掩卷沉思，也可以仰天長考，閱讀這兒，已進入浩瀚的宇宙，凝望夜空，哥白尼、克卜勒等科學家將與你交會。太陽系的行星系統及宇宙起源，是讀者要思考的話題，不斷擴張的宇宙和大霹靂理論是一段只能沉靜閱讀而不宜匆匆掠過的篇幅，因為都卜勒效應和哈伯定律將在你的腦海中浮現，愛因斯坦的相對論和宇宙微波背景輻射，成為你一探究竟的依據。

蘇東坡〈赤壁賦〉說：「逝者如斯，而未嘗往也；盈虛者如彼，而卒莫消長也。蓋將自其變者而觀之，則天地曾不能以一瞬；自其不變者而觀之，則物與我皆無盡也。」閱讀此書，若能像蘇東坡一樣放開心眼，放慢腳步，閱讀又沉思，這本書將使你「人間愉快」。

譯者序

關於科學悖論的二三事：
為什麼我們要探討科學悖論？

　　西方哲學史上第一位哲學家一般公認是古希臘的泰利斯（Thales of Miletus，公元前六二四—五四六年）。他提出的哲學論點非常簡單：「萬物本源為水」。泰利斯所持的理由是，萬物皆由水而生，復歸於水，因此水是萬物的本源。儘管他的論點在今日看來十分天真而粗糙，但卻是西方歷史上人類首度試圖探究世界的本質，並提出以邏輯論證為基礎的解答。這表示人類的智識不再侷限於眼見的表象，而是更進一步探索物質世界背後的本質，這是人類思想史上的里程碑。泰利斯因此被尊為西方哲學之父。

　　物理學的動機也是如此——試圖在各種自然現象中找出自然界根本的規律性。與哲學不同之處在於，除了邏輯的規範之外，物理學還受惠於數學的發展。各種物理定律不但以數學語言的形式來表達，數學也為物理學提供了量化預測的能力。廣為大眾接受的物理理論（典範理論）不但能夠解釋已知的現象，它所提出的預測也必需與日後的觀測相符。然而，偶爾也會發生典範理論（例如量子論）演繹出看似荒謬的結果（例如薛丁格的貓），這時候物理悖論就誕生了。

　　作者將悖論區分為兩類，一類導致循環論證或產生自相矛盾，

例如究竟先有雞或先有蛋、以及「這句話是假的」陳述等等，稱之為「真悖論」；這種悖論是無法解決的。另一類則是「認知悖論」，也就是論證的結果看起來荒謬或者與直覺相悖，但卻是可以解決的，也就是它其實並非真的是個悖論。本書所討論的乃是後者。

本書探討橫跨古今兩千多年，科學史上最重要的九個悖論，涵蓋了運動學、宇宙論、統計物理、相對論、以及量子物理等範疇。這些悖論之所以重要，有些是因為它們挑戰典範理論，並且在相當的時間之內立於不敗之地（例如奧伯斯悖論）；有些則凸顯出典範理論違背直覺的特性（例如孿生子悖論）。然而不論如何，這些悖論的解決都為我們帶來對於物理世界深刻而重要的理解，因此值得深入探討。

作者吉姆・艾爾―卡利里教授本身任教於英國薩里大學，不僅是著名的理論核物理學家，也具有豐富的課堂教學經驗。他還是多本科普書籍的作者，並且主持過許多科普廣播與電視節目。這九則重要的科學悖論，透過作者旁徵博引的生動筆觸，深入淺出地介紹給讀者，讀來引人入勝，趣味橫生，不僅適合對於科學有興趣的一般讀者，也能為專業科學工作者帶來意想不到的收穫。

contents 目錄

前言

　　悖論（paradox，亦可譯為詭論、謬論、詭局、佯謬、弔詭或矛盾）以各種不同的形式和難度出現。有些只是簡單的邏輯矛盾，沒有深入探討的價值；有些則像是冰山的尖頂，底下是整座冰山的科學知識。許多悖論可以透過謹慎思考，找出基本假設當中一個或多個漏洞來攻破，這種嚴格來說算不上是悖論，因為癥結點一旦突破，它就不再是悖論了。

　　「真悖論」指的是自相矛盾或循環論證的陳述，或者某種邏輯上不可能發生的情況。然而「悖論」一詞的運用範圍比字面的意義來得廣，還包括被我稱為「認知悖論」的範疇。這類難題一定找得到破解方法。這種悖論有可能包裝在蓄意誤導聽者或讀者的花招或障眼法之中。一旦花招被揭穿，邏輯上的矛盾或荒謬性就消失了。另一類認知悖論則是，其敘述或結論乍聽之下十分離譜或違背直覺，仔細思考後卻發現其實不然，即便結果多少仍令人驚訝。

　　物理學上有這種悖論。所有這類悖論只要稍加運用一點基本的科學知識便可解決——嗯，幾乎所有啦。而這些都將是本書關注的重點。

　　讓我們先簡單介紹一則真正的邏輯悖論，它如此清晰明瞭，所

以我並不打算在書中探討它。不過它的陳述方式確實會讓你跳不出邏輯迴圈。

這一則簡單的論述如下：「這句話是假的。」乍看之下每個字似乎都非常直截了當。但是，想一下這一句話，當你仔細推敲其所陳述的含意時，邏輯上的矛盾將逐漸浮現。六個簡單的字就讓你頭痛嗎？果真如此的話，我認為這種頭痛也是好玩的──這句話或許本身也是悖論，而且無疑地你會出於虐待般的快感，向家人或朋友轉述。

你瞧，「這句話是假的」是想告訴你，在宣稱這句話是假的同時，它本身必然也是假的，所以它就不是假的──也就是它是真的，所以這句話真的是假的，也就是真的……諸如此類，陷入一個無窮盡的循環。

有很多類似這樣的悖論存在，但這本書並不打算討論它們。

這本書將探討我個人最鍾愛且著名的科學難題和謎題，它們都是所謂的悖論，但經由正確的角度仔細思索，就能揭穿它們不是悖論。儘管乍聽之下極度違反直覺，事實上卻是因為漏掉一些微妙的因素；一旦將這些因素考慮進來，就會破壞建構整個悖論的其中一根樑柱，整個構築起來的論點便會傾倒。矛盾雖然已經解決，它們之中有許多卻仍然被稱為悖論，部分是因為它們在問世之初顯得如此棘手（在我們終於發現自己錯在哪裡之前），部分則是因為稱之為悖論有助於科學家們釐清一些相當複雜的概念。喔對了，還因為它們如此有趣且值得探討。

我們將要探討的許多謎團，乍看之下似乎是貨真價實的真悖論，不僅僅是認知悖論而已。這就是有趣的地方。以著名的「時光

旅行悖論」簡化版為例：如果你搭乘一部時光機回到過去，殺掉幼年的自己，你這位殺手會發生什麼事？你會因為阻止自己成長，倏然之間不再存在嗎？如果是這樣的話，你從未長大成為一名時光旅行殺手，那是誰殺死了幼年的你？年長的你擁有完美的不在場證明──你甚至不曾存在過！假如你並未存在、無法回到過去殺死年幼的自己，年幼的自己就未被殺害，所以可以長大成人，接著回到過去並殺死年幼的自己，於是你又消失了，依此類推。這似乎是個完美的邏輯悖論，而且物理學家也尚未在理論上排除時光旅行的可能性。那麼，我們如何才能擺脫這種矛盾的循環呢？我將在第七章探討這個問題。

並非所有的認知悖論都需要運用科學知識才能解決。為了證明這一點，第一章要來探討幾個這類的認知悖論，它們只要用常識邏輯就能解決。不知道我的意思是什麼？下面這個簡單的統計悖論，如果從某個基本的關聯性來思考就可能得出錯誤的結論：我們都知道，有較多教堂的城鎮普遍犯罪率較高。這似乎說不太通，除非你相信教堂是孕育不法犯罪的溫床。無論你的宗教和道德觀為何，這都是不可能的。解答非常直截了當：為數較多的教堂和較高的犯罪率，都是較多人口自然產生的結果。A 導致 B 與 A 導致 C，並不意謂 B 導致 C，反之亦然。

接下來還有另一個簡單的動腦謎題，乍聽之下自相矛盾，一旦妥善解釋，它的矛盾特性就消失無蹤。它是由我的同事兼摯友，一位蘇格蘭裔的物理學教授，在多年前向我講述的。他聲稱，「每一位南下到英格蘭的蘇格蘭人，都提高了兩個國家的平均智商」。關鍵在於：由於所有蘇格蘭人都聲稱自己比任何英格蘭人更聰明，只

要他們其中任何一位住到英格蘭去，都會提高英格蘭的平均智商；然而離開蘇格蘭是愚蠢的行為，只有那些不怎麼聰明的人才會這麼做，所以他們離開後，剩餘蘇格蘭人的平均智商就提高了些。你瞧，乍看之下它像是矛盾的敘述，但只消運用簡單的邏輯推理就能輕鬆解決——當然，這對英格蘭人而言完全不具說服力。

在第一章中，我們將享受破解一些著名悖論的樂趣，無需用到任何科學。隨後我們將繼續探討我所挑選的九則物理悖論。每敘述一則悖論之後，我將抽絲剝繭揭開其奧祕，並說明如何破解它，解釋其基本邏輯，顯示其謬誤以及它何以不再是真正的問題。這些悖論都很有趣，它們不但有知識的精華在其中，也有解決之道等著我們發掘。你只需要知道哪些地方值得關注，哪裡可以找到致命的弱點，並透過謹慎推敲以及對科學更深入的了解來破解這些弱點，直到悖論不再是悖論為止。

其中有一些是耳熟能詳的悖論。以「薛丁格的貓」為例，它描述一隻不幸的貓被鎖進一個密閉的箱子裡，在我們打開箱子前一直同時處於死亡和活著的狀態。另外一則或許讀者沒那麼熟悉、但有些人仍然聽過的悖論，則是「馬克士威的精靈」，這個神祕的存在管轄另一個密閉的箱子，而且貌似能夠違反最神聖的科學定律（也就是熱力學第二定律），迫使箱子中的混合物分離並呈現秩序。為了理解這類悖論及其解答，讀者必須掌握一些基礎科學知識，所以我給自己設下的挑戰是，在帶來最低困擾的限度下，幫助讀者理解這些科學概念。即使你不具微積分、熱力學與量子力學的專業知識，依然能欣賞這些悖論並享受其意涵。

這本書中，還有好幾則悖論是我從過去十四年來在大學部所教

授的相對論課程中擷取而來。愛因斯坦對於空間和時間的觀點，為邏輯難題提供了豐富的素材，例子包括竿與穀倉悖論、孿生子悖論和祖父悖論。至於其他悖論，例如牽涉到貓與精靈的那些，在某些人的眼裡還沒有得到令人滿意的答案。

　　在挑選最重要的物理之謎時，我並沒有駐足在尚未解決的最大問題，例如暗物質與暗能量（它們占了我們宇宙 95％的組成成分）是由什麼組成，或者宇宙在大霹靂之前有什麼。這些是極困難而深刻的問題，科學迄今尚未找到答案。諸如「構成星系大部分質量的神祕暗物質本質是什麼」的問題，或許在不久的將來可望獲得解答──假如日內瓦的大型強子對撞機能持續獲得令人振奮的新發現。至於像是「對於宇宙大霹靂前某一時刻的精確描述」這類問題，可能永遠都沒有答案。

　　我的目標是做出明智和廣泛的選擇。在接下來的章節中探討的所有悖論，處理的都是攸關時間與空間本質的深刻問題，以及宇宙在最大和最小尺度上的特性。有些是理論預測的結果，乍看之下非常詭異，但一旦仔細探究理論背後的構想，就不那麼難理解了。親愛的讀者，讓我們一起來看看能不能搞定它們，以及在過程中會帶給你什麼樣的神奇樂趣。

1 綜藝秀裡的悖論

簡單的機率，顛覆你的思考邏輯

在深入物理世界之前，我想先用幾個簡單有趣卻又令人挫折的腦力激盪暖個身，慢慢帶領讀者入門。以下的例子與本書其餘章節的共同之處在於，它們都不是真正的悖論，只要細心思考即可破解。不同於往後各章的悖論需要相關的物理基本知識，本章所探討的只是一些邏輯方面的益智遊戲而已，不需任何科學背景即可解答。其中最後一個也是最有趣的一個，稱為蒙提霍爾悖論（Monty Hall Paradox），由於它特別令人困惑，我將使用較多的篇幅以數種不同方法來分析這個問題，讓讀者自行選擇最容易接受的答案。

本章所有悖論都屬於聽起來有點拗口的「似非而是的悖論」與「似是而非的悖論」其中一種。「似非而是的悖論」所帶來的結論因為有違常理而與直覺相牴觸，然而透過看似簡單（其實卻不然）的仔細邏輯推理，就能證明其結論為真。事實上，整個過程的樂趣就在於，試圖找出最令人信服的證明方法——儘管感覺其中有詐的不自在感一直揮之不去。稍後將討論到的生日悖論（Birthday Paradox）以及蒙提霍爾悖論都屬於此類。

「似是而非的悖論」則是從完全合理的陳述出發，卻峰迴路轉得出離譜的結論。與「似非而是的悖論」不同之處在於，推理過程

中某些步驟無形中產生誤導或謬誤，所以這些荒謬的結論為偽。

透過幾個演算步驟而得證諸如「2=1」這類的數學把戲，正是「似是而非的悖論」的範例——沒有任何邏輯推理或哲學辯證能夠令人相信這個結論為真。有鑑於各位讀者不見得像我這麼熱愛數學，我也不願意用數學計算來打擊大家，因此本書將不會深入這些細節。一言以蔽之，這些運算過程通常牽涉將某個數字除以零的步驟，而這正是任何自重的數學家都知道要不計代價去避免的。相反地，我將專注於幾個只需基本數學能力就能鑑賞玩味的問題。首先登場的是兩個著名的「似是而非的悖論」：「消失的一塊錢之謎」（The Riddle of the Missing Dollar）與「伯特蘭箱子悖論」（Bertrand's Box Paradox）。

消失的一塊錢之謎

這是我幾年前在名為《心靈遊戲》（*Mind Games*）的電視猜謎節目中擔任來賓時，用過的一個精采難題——當然，我並不是第一個想出這個問題的人。這個節目的內容是，每週來賓們彼此競賽解答數學家主持人馬可斯・杜・索托伊（Marcus du Sautoy）教授提出的問題。除此之外，來賓也會各自帶來最喜歡的難題來挑戰對手。

問題如下：

三位旅客到某家旅館投宿。年輕的櫃檯接待員給他們一間有三張床的房間，收費三十元。他們協議平分住宿費用，每人支付十元之後，便拿了鑰匙進房間安置行李。幾分鐘之後，櫃檯接待員發現自己弄錯了，旅館這一個禮拜正好有特價促銷活動，他應該只收他

們二十五元。為了避免被旅館經理找麻煩，他立刻從收銀機中取出五塊錢，並且趕緊上樓去彌補他所犯的過錯。在前往旅客房間的路上，他想到五元無法由三個人平分，於是決定退給每位旅客一元，自己留下兩塊錢。他自認為這是個讓每個人都滿意的好辦法。以下是我們要解決的問題：每位旅客為他們的住宿各付出九元，總計占了原本旅館收費三十元當中的二十七元，另外二元被接待員拿走，那麼三十元裡的最後一元哪裡去了呢？

也許聰明的讀者一眼就看出這個問題的解答。不過當我第一次碰到這個問題時，當然沒這麼厲害囉！在繼續讀下去之前，我願意讓你花點時間想想看。

想出來了沒？你瞧，是因為敘述上的誤導才使得這個問題聽起來自相矛盾。推理過程出錯之處在於：將客人付的二十七元與接待員拿走的兩元加總在一起——這樣算根本毫無道理，因為總金額已經不再是三十元。接待員拿走的兩元要從旅客支付的二十七元當中扣掉，所以收銀機裡的總金額應該是二十五元才對。

伯特蘭箱子悖論

「似是而非的悖論」的第二個例子由十九世紀法國數學家約瑟夫・伯蘭特（Joseph Bertrand）提出。（他最著名的悖論並不是這個，而且比這個更需要數學專業。）

有三個箱子，每個箱子裡各有兩枚硬幣，放置方式如下：每個箱子都隔成兩半；每一半各放一枚硬幣，而且蓋子可以單獨打開來查看裡頭的硬幣種類（但不允許查看另一枚）。第一個箱子裡放了

兩枚金幣（代號 GG），第二個箱子裡放了兩枚銀幣（代號 SS），第三個箱子則有金幣和銀幣各一枚（代號 GS）。請問你選到內有金幣跟銀幣的箱子機率有多少？答案的確很簡單：三分之一。這一點都不難。

圖 1.1 伯特蘭的箱子

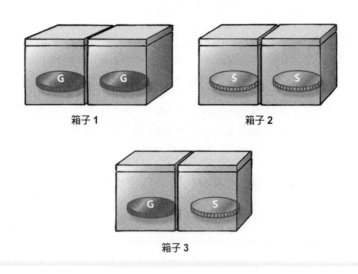

箱子1　　　　　　　　　箱子2

箱子3

　　接著，隨機挑選一個箱子。如果打開半邊的蓋子發現裡面是金幣，這個箱子是 GS 箱的機率有多少？在發現一枚金幣的當下，你已經知道這個箱子不可能是 SS 箱，排除之後只剩兩種可能性：GG 箱或 GS 箱。因此它是 GS 箱的機率是二分之一，對吧？

假如打開蓋子出現的是銀幣，我們就可以排除 GG 箱的選項，剩下的只有 SS 箱或 GS 箱兩種可能，所以選到 GS 箱的機會依然是二分之一。

由於打開選定的蓋子出現的不是金幣就是銀幣，而且每種硬幣各有三枚，若兩者出現的機率相同，那麼不論出現何種硬幣，你都有一半的機率選中 GS 箱。也就是說，往某個箱子的其中半邊瞧了一眼之後，選中 GS 箱的整體機率竟然從一開始的三分之一變成二分之一。可是，只不過才瞧了某個硬幣一眼，怎麼會使機率產生這麼大的變化？如果隨機選出一個箱子，打開其中一個蓋子之前，你知道選出的箱子有三分之一機率是 GS 箱；僅僅憑著看到其中一枚硬幣，究竟是怎麼使得機率從三分之一突然變成二分之一的？畢竟這個動作並不會帶來新的資訊，你心裡明白，出現的不是金幣就是銀幣。究竟哪裡出問題了呢？

正確答案是，不論是否查看其中一枚硬幣，選到 GS 箱的機率一直都是三分之一，而非二分之一。首先考慮從箱子裡找到一枚金幣的情況：金幣共三枚，姑且稱他們為 G1，G2 和 G3。假設 GG 箱裡放的是 G1 和 G2，G3 在 GS 箱裡。如果你打開其中一個箱蓋並且發現一枚金幣，那麼你有三分之二的機率打開的是 GG 箱，因為看到的金幣可能是 G1 或 G2。這枚金幣是 G3 的機率只有三分之一，與你選中 GS 箱的機率一樣。

生日悖論

這是最著名的「似非而是的悖論」之一。不同於前兩個例子，這種悖論不要花招，沒有邏輯推理上的謬誤，也不使用敘述上的障眼法。我必須強調，不論讀者是否相信其解答，它在數學與邏輯上都是完全正確的，並且具有一致性。這種面對問題的挫敗感在某種程度上提高了破解此悖論的樂趣。

以下是生日悖論的表述：

你認為房間裡至少要有多少人，才能讓其中任意兩人同一天生日的機率超過一半——也就是說，任意兩人生日相同的機率比不同來得高？

先讓我們運用直觀的常識（當然稍後會證明是錯的）。一年有 365 天，可以想像成大講堂裡有 365 個空座位。100 位學生進入講堂，每個人隨機選了一個座位。有些人可能想跟朋友坐在一起；有些人喜歡最後一排的隱蔽性，讓他們可以在課堂中打瞌睡不被發現；較多學生則選擇離講台較近的位置。不過他們坐在哪裡並不重要，因為超過三分之二的座位仍然空著。當然，沒有學生會去坐已經有人的座位，而我們總覺得講堂裡有這麼多座位，兩位學生搶同一個位置的機會相當微小。

如果將這種常識性的思維方式應用到生日問題上，我們可能會認為，在可選的生日與座位一樣多的情況下，這 100 位學生當中任何人跟別人同一天生日的機會也一樣微小。當然，難免有少數一起

過生日的死黨，但我們覺得發生的可能性比不發生來得低。

　　如果換成一群為數 366 人的學生（先不管閏年），很自然地，不須多作解釋就很清楚，我們可以確定至少有兩個人生日在同一天。當學生人數逐漸減少，情況卻開始變得有趣起來。

　　以下所述也許會讓讀者感到不可思議——事實上，房間裡只需要 57 個人，就可以讓任意兩人同一天生日的機率超過 99％。也就是說，只要 57 個人，就幾乎能確定其中有兩個人同一天生日！這個答案聽起真是令人難以置信。若只針對問題來回答，任意兩人生日相同的可能性比不同還高（也就是機率超過一半）所需的人數則遠低於 57。事實上，只要 23 個人就足夠了！

　　多數人初次聽到這個答案莫不大吃一驚，甚至在確認過解答的正確性之後依舊感到渾身不自在，這在直覺上的確太令人難以接受了。我們接著來詳細探討其中的數學，我會盡可能將它說清楚。

　　我們首先假定一些預設條件，儘量使問題簡化：排除閏年、一年中每一天作為生日的機率都相同、房間裡沒有雙胞胎。

　　許多人所犯的錯誤在於，他們認為這個問題是兩個數字之間做比較：房間裡的人數與一年中的天數。由於共有 365 天可作為這23 人的生日，避開彼此生日的機會似乎遠比撞在一起來得高。但是這種看待問題的方式卻造成誤導。試想，為了能讓兩個人的生日在同一天，我們需要的是成對的人，而非單獨的個體；因此應該考慮的是不同配對方式的總數。首先從最簡單的狀況出發：如果只有三個人，那麼總共有三種不同的配對：A—B，A—C，B—C。若是四個人，配對的可能性增加到六種：A—B，A—C，A—D，B—C，B—D，C—D。當總人數達到 23 人時，我們發現總共

有 253 種不同的配對方式❶。到這裡讀者是否發現，相較於原本的答案，要相信這 253 種雙人組合其中一組的生日剛好是 365 個日期之一，是否變得簡單多了呢？

　　計算這個機率的正確方法是：從一組配對開始，逐漸增加人數，並且觀察生日相同的機率如何變化。這個方法的訣竅在於，我們直接計算的並非新加入者與別人一同過生日的概率，而是避開所有其他人生日的機率。如此一來，第二個人避開第一個人生日的機率就是 364÷365，因為他可以在一年中頭一個人生日以外的任何一天出生。第三人與前兩人生日錯開的機率是 363÷365。然而別忘了前兩人仍得避開同一天生日（有 364÷365 的機會）；在機率論裡，如果我們想知道兩個獨立事件同時發生的機率，就得將第一個事件出現的機率乘上第二個事件的機率。因此，第二人避開第一人生日，以及第三人同時避開前兩者生日的機率，就是：（364／365）×（363／365）＝ 0.9918。最後，如果以上結果是三個人生日完全錯開的概率，那麼其中任意兩人生日相同的機率就是 1 － 0.9918 ＝ 0.0082。在只有三個人的情況下，生日出現在同一天的機會非常微小，正如讀者所預期。

　　接著繼續進行相同的步驟——逐一增加人數，建立一串連乘的分數算出所有人錯開彼此生日的機率，直到總乘積低於 0.5（也就是 50%）為止。這時候就會得到任意兩人生日相同機率超過百分之

---

❶原註：用來計算不同配對方式總數的數學方法稱為「二項式係數法」（binomial coefficient）。這個例子的算法如下：

$$\binom{23}{2} = \frac{23 \times 22}{2} = 253$$

五十所需的人數。我們發現，只需要 22 個分數連乘就可以讓總乘積小於 0.5，也就是 23 個人：

$$\frac{364}{365} \times \frac{363}{365} \times \frac{362}{365} \times \frac{361}{365} \times \frac{360}{365} \times \cdots\cdots = 0.4927\cdots$$

←————— 22 個分數連續相乘 —————→

於是房間裡任意兩人生日在同一天的機率便為：

$$1 - 0.4927 = 0.5073 = 50.73\%$$

解開這個難題需要一些機率論的知識。相較之下，下一個悖論就某些方面來說較為淺顯易懂，而我認為這點更令它顯得不可思議。這是我最喜歡的「似非而是的悖論」，因為它的陳述是如此簡單，如此容易解釋，卻又難以透徹理解。

蒙提霍爾悖論

這個難題可追根溯源至伯特蘭箱子悖論，它同時也是闡釋「條件機率」（conditional probability）的典型範例之一。這個悖論的基礎是另一個較早期的問題，稱為「三個囚犯問題」（Three Prisoners Problem），由美國數學家馬丁・加德納（Martin Gardner）於一九五九年在其《科學人》雜誌（*Scientific American*）的「數學遊戲」專欄（Mathematical Games）裡提出。而蒙提霍爾悖論是我覺得更好、更清晰易懂的改編版本。這個難題最初是歷久不衰的美

國電視遊戲節目《我們來做個買賣》（*Let's Make a Deal*）裡的一個遊戲腳本，該節目是由超人氣、加拿大裔的蒙地・霍爾（Monte Hall）所主持，因此被冠以此名。他在踏入綜藝界之後改名叫蒙提（Monty）。

　　史提夫・謝爾文（Steve Selvin）是美國統計學家，擔任加州大學柏克萊分校教授一職。他同時也是著名的教育家，曾因卓越的教學與對學生的優異指導而獲獎。身為一名學者，他的專長是數學在醫藥方面的應用，特別是生物統計領域。然而他之所以舉世聞名卻不是歸功於重要的學術成就，而是因為所撰寫的一篇關於蒙提霍爾悖論的有趣文章。這篇文章發表於學術期刊《美國統計學人》（*The American Statistician*）一九七五年二月號，只有半頁篇幅。

　　謝爾文也許從來沒有想過他的短文會帶來如此大的迴響，畢竟《美國統計學人》是一本專門期刊，主要讀者為學術研究與教育人員。事實也是如此——足足過了十五年，這個由他提出並加以解決的問題才廣為人知。一九九〇年九月，號稱發行量高達數千萬份的美國週刊《大觀雜誌》（*Parade Magazine*）的一位讀者，向雜誌裡的專欄〈瑪莉蓮答客問〉提出一個問題。瑪莉蓮・沃斯・莎凡特（Marilyn vos Savant）負責在這個專欄回答讀者提出的各種問題，包括數學益智問題、腦筋急轉彎、邏輯機智問答等。莎凡特在一九八〇年代中期因為擠身《金氏世界紀錄》（*The Guinness Book of Records*）中的智商紀錄保持人（測驗結果為一八五）而成名。提問的讀者名叫克雷格・F・惠塔克（Craig F. Whitaker），他向莎凡特提出的問題基本上是謝爾文「蒙提霍爾悖論」的改編版。接下來的發展則讓人始料未及。

　　這個問題與莎凡特的答覆在《大觀雜誌》刊出之後，引起舉國、甚至舉世的注意。她的解答徹底違背直覺，卻跟謝爾文原本的答案一樣，完全正確。不過該雜誌隨即收到眾多惱怒的數學家來函，迫不及待想證明她的錯誤。以下段落摘錄自其中三封信：

　　身為一位專業的數學家，我對於一般大眾缺乏數學技能感到非常憂心。請幫幫忙：承認妳的錯誤，以後更小心一點。

　　妳搞砸了，而且是在全國讀者面前！看來妳連當中的基本原理都沒弄懂……這個國家已經有夠多數學文盲了，我們不需要全世界智商最高的人為我們製造出更多。真丟臉！

　　在妳再度回答這類的問題之前，建議妳先找一本機率論教科書讀一讀，好嗎？

　　我非常驚訝，在被三位以上的數學家糾正之後，妳竟然還弄不清楚自己錯在哪裡。也許女人看待數學的方式跟男人不同吧。

　　怒氣沖天的人還真不少，然而隨後的局面卻令他們顏面無光。莎凡特在稍後發行的雜誌中重新檢視這個問題，她堅守立場，並為其解答提出清晰明確的解釋與結論——正如讀者預期一位智商一八五的人會做的事。整個故事最終登上《紐約時報》（New York Times）的頭版，而爭論依舊如火如荼地進行。
　　也許上述的故事讓各位讀者開始覺得這個悖論甚為困難，只有

天才才能破解。其實不然；有許多簡單的方法能夠加以解釋，網路上也充斥各類討論文章與部落格，甚至還有 YouTube 影片。

不論如何，暫且讓挪揄與講古在此打住，我們直接進入主題吧。我認為最好的方式乃是引述謝爾文刊登於一九七五年《美國統計學人》充滿趣味的原文：

一個關於機率的問題

以下出自《我們來做個買賣》，由蒙提・霍爾主持的著名電視秀節目。

蒙提・霍爾：這裡有三個標記為 A、B、C 的盒子，其中一個裡面有一九七五年出廠、全新的林肯大陸汽車（Lincoln Continental）的鑰匙，另外兩個是空的。如果你選中的盒子裡有鑰匙，就能贏得這部汽車！

參賽者：(倒吸一口氣)！

蒙提・霍爾：請挑選一個盒子。

參賽者：我選盒子 B。

蒙提・霍爾：現在桌上有盒子 A 和 C，然後這是盒子 B（被參賽者緊緊抓住），汽車鑰匙有可能就在這個盒子裡！我出一百美元換你的盒子。

參賽者：不要，謝謝。

蒙提・霍爾：兩百美元如何？

參賽者：不行！

觀眾：不要！

蒙提・霍爾：別忘了鑰匙在你盒子裡的機率是三分之一，盒子

是空的機率則是三分之二。我出五百美元跟你換。

　　觀眾：不要！！

　　參賽者：不，我想保留這個盒子。

　　蒙提·霍爾：我來幫你打開桌上其中一個盒子（打開盒子A）。這盒子是空的！（觀眾鼓掌）。現在，車鑰匙不是在盒子C、就是在你手上的盒子B裡。既然只剩兩個盒子，鑰匙在你選的盒子裡機率就變成二分之一了。我願意出一千美元換你的盒子。

　　慢著！！！

　　蒙提的說法是正確的嗎？參賽者知道桌上的盒子至少有一個是空的，他現在知道是盒子A了。這些資訊是否令他選出的盒子裡有鑰匙的機率從三分之一變成二分之一？桌上的盒子其中一個必定是空的，蒙提是否藉著透露哪個盒子是空的，幫了參賽者一把？贏得汽車的機率是二分之一還是三分之一？

　　參賽者：我想用我的盒子B跟你交換桌上的盒子C。

　　蒙提·霍爾：這就怪了！！

　　提示：參賽者知道自己在做什麼！

史提夫·謝爾文

公共衛生學院

加州大學

柏克萊，加州94720

在以上的文章裡，謝爾文略過了這個問題的關鍵（其重要性稍後就會釐清）。他沒有明說的是，蒙提‧霍爾知道鑰匙在哪個盒子裡，因此他總是能打開空的盒子。不過平心而論，他確實引述了蒙提所說的：「我來幫你打開桌上其中一個盒子。」我把這句話解釋成：蒙提‧霍爾完全知道他即將打開的盒子是空的。果真如此的話，那麼這就是我所熟悉的問題了。稍後我們將會明白，問題的解答係建立在「蒙提‧霍爾知道鑰匙在哪裡」的前提上，雖然這個前提看似無關緊要——畢竟對參賽者來說，這怎麼可能會影響猜中的機率呢？

謝爾文不得不在一九七五年八月號的《美國統計學人》裡特別澄清這一點，無法接受其解答的其他數學家不斷批評他，正如莎凡特十五年後的遭遇。他寫道：

　　我收到許多來函，評論我在《美國統計學人》一九七五年二月號〈致編輯函〉裡，題為〈一個關於機率的問題〉的文章。有幾位來函者認為我提供了錯誤的答案。我所提出答案的基本假設，乃是蒙提‧霍爾知道鑰匙放在哪個盒子裡。

釐清這個關鍵之後，我們就能更仔細地探討這個問題。接著我們來看刊登於《大觀雜誌》長度較短也較著名的版本。在這個版本裡，三個箱子換成三道門，以下略經修改：

　　假如你是遊戲節目的來賓，主持人提供的選項為 A、B、C 三

道門。其中一道門後面有部汽車，另外兩道門後面則是山羊。你挑選其中一道門，假設是 A 好了。接著，知道門後藏了什麼的主持人打開另一道門，比如 B，出現一隻山羊。他問：「你想換成 C 門嗎？」請問改變原本選擇的門，是否對你較有利？

當然這個問題的前提是：參賽者喜歡汽車更甚於山羊，不過題目裡並沒有明說。我們假定參賽者並不是喜歡山羊的腳踏車騎士。

跟幾年前謝爾文的答案一樣，莎凡特的回答也認為參賽者應該要改變最初的選擇，如此一來贏得汽車的機會將從三分之一倍增到三分之二。怎麼可能會這樣呢？這正是蒙提霍爾悖論的癥結點。

當然，多數參賽者在面對這類抉擇的時候，多半會懷疑其中是否藏有陷阱。既然大獎在每道門後的機會都相等，那麼為什麼不相信最初的直覺就好，繼續堅持選擇 A 門呢？對參賽者而言，汽車藏在 A 門或 C 門後面的機率看來當然是相等的，換或不換所選的門應該沒有什麼差別。

這一切實在晦澀難解並且令人困惑，可以想見為何連專業數學家都會弄錯。以下提供幾種解開這個詭局的方法。

檢驗問題的機率

以下所述的是最嚴謹、最有系統，也最無懈可擊的方法，證明參賽者改變選擇的門確實可以使贏得大獎的機率倍增。請記住，你原來選的是 A 門。蒙提‧霍爾知道汽車在哪個門後面，他幫你打開另外兩道門的其中一道，結果出現山羊，而且他還提供你換到 C 門的機會。

首先考慮繼續選擇 A 門的情形。

汽車藏在三道門之中任一道門後的機率是相同的：

- 當車子在 A 門後，B 或 C 任一道門被打開：你贏了。
- 當車子在 B 門後，C 門被打開：你繼續選擇 A 門，你輸了。
- 當車子在 C 門後，B 門被打開：你繼續選擇 A 門，你輸了。

因此如果維持最初的選擇，你有三分之一的機率贏得大獎。

接著考慮變更選擇的情況。

汽車藏在三道門之中任一道門後的機率依舊相同：

- 當車子在 A 門後，B 或 C 任一道門被打開：你輸了。
- 當車子在 B 門後，C 門被打開：由於你從 A 門換到 B 門，你贏了。
- 當車子在 C 門後，B 門被打開：由於你從 A 門換到 C 門，你贏了。

因此變更選擇之後，你有三分之二的機率贏得大獎。

不用數學的證明：基本常識法

嚴格說來，以下非數學的方法並非真正的證明，只是讓答案變得較令人能夠接受。

假設現在不只有三道門，而是有一千扇門：其中一扇門後有一部汽車，其餘九九九道門後面都是山羊。你隨機從中選擇一道門，比如第七七七號門。當然你可以任意選擇喜歡的號碼，但是不論如何，只要你不具備超能力，選中藏有汽車的門機率就是千分之一。接下來，知道汽車下落的蒙提‧霍爾打開除了第二三八號門之外的

圖 1.2 蒙提霍爾悖論：問題

三道門的其中一道裡頭藏著大獎……

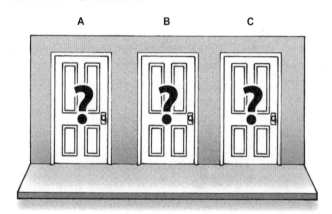

遊戲節目主持人打開 B 門，出現一隻山羊。請問你該保留原來的選擇，亦即 A 門，或是改選 C 門呢？

圖 1.3 蒙提霍爾悖論：答案

假設知曉汽車下落的主持人打開 B 門出現的是山羊，如果你繼續選擇原本的 A 門，那麼你有三分之一的機率贏得汽車。相較之下，改選 C 門將使你贏得汽車的機會變成三分之二。

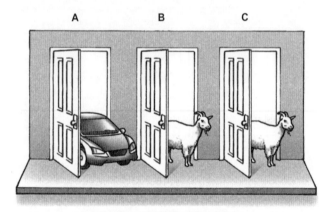

如果你保留 A 門的選擇：機率三分之一

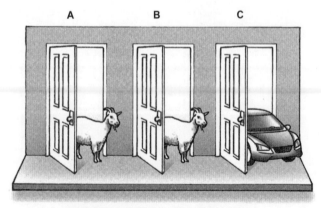

如果你決定從 A 門換成 C 門：機率三分之二

其餘九九八道門，裡面全部都是山羊。現在，你面前有九九八隻山羊以及兩扇關著的門：你選的七七七號門，與尚未被打開的二三八號門。請問你要換，還是不換？

難道你不覺得，在那道被主持人保留、尚未開啟的門後面，有令人起疑的東西——可能是一開始在隨機挑選門時，主持人知道但你卻無法獲得的資訊？別忘了，他掌握車子的下落。他看著你隨機挑了一道（極）可能只有山羊的門，接著打開了另外九九八道藏有山羊的門。難道你不覺得非得換成僅剩的最後這道門不可？當然你會這麼覺得，而且你猜得沒錯：幾乎可以確定汽車是藏在蒙提特別保留下來的二三八號門後面。

改用較為數學的語言來說明：你最初的選擇將門歸入兩個集合；集合一只有你選的門，汽車藏在裡面的機率為三分之一（或者在前述較誇張的例子裡，機率為千分之一）。集合二包含所有其餘的門，因此大獎之門落在這個集合裡的概率就是三分之二（或者千分之九九九）。集合二其中一道（或者九九八道）已知藏有山羊（亦即發現汽車的機率為零）的門被打開之後，這個集合裡尚未打開的門只剩一道，而這道門裡藏有汽車的總體概率仍舊是三分之二（或者千分之九九九），因為它承繼了車子落在這個集合裡的機率。打開那些毫無價值的山羊之門，並不會改變汽車落在集合二裡的機率大小。

先備知識扮演的角色

到這裡，相信讀者已經被說服了。不過萬一你仍有任何揮之不去的疑問，以下提供另一個範例。我認為這個例子足以凸顯具備先

備知識（prior knowledge）與否的重大區別。

　　假設你想購買兩隻小貓。你打電話到附近的寵物店，老闆說有兩隻同一胎出生的小貓在今天剛送達：一隻黑貓，一隻花貓。你向老闆詢問牠們的性別，設想兩種可能的回答：

　　（a）他告訴你：「我只檢查了其中一隻，是公的。」如果沒有其他資訊，兩隻小貓都是公的機率是多少？

　　（b）他告訴你：「我只檢查了花貓，是公的。」這種情況下，兩隻小貓都是公的機率又是多少？

　　這兩種狀況的答案其實是不同的。雖然我們知道兩者都至少有一隻貓是公的，但只有在第二種情況裡，我們才知道公的是哪隻，而這正是改變機率大小的額外資訊。以下我們來看看這個額外資訊如何讓機率產生變化。

　　首先，列出小貓性別的所有可能組合，共計四種：

	黑貓	花貓
1	公	公
2	公	母
3	母	公
4	母	母

　　接著考慮狀況（a）。「至少其中一隻是公的。」意謂可能是前三種組合之一：（1）兩隻都公的；（2）黑貓是公的，花貓是母的；（3）黑貓是母的，花貓是公的。所以兩隻都是公的機率是三分之一。

　　然而，在狀況（b）裡你已經得知花貓是公的，這個額外資訊

除了排除第四種組合之外，同時也排除第二種組合。可能的組合只剩下兩種：兩隻都是公的；或者花貓是公的，黑貓是母的。這種情況下，兩隻都是公貓的機率是二分之一。

因此可知，一旦你得知哪隻貓是公的，兩隻都是公貓的機率立刻從三分之一變成二分之一。這跟蒙提霍爾悖論碰到的情形完全如出一轍。

但是且慢，我聽到一些頑固的懷疑論者問道：「在小貓的故事裡，寵物店老闆已經將額外的資訊告訴你，好讓你算出機率大小。可蒙提‧霍爾並沒有做出相同的舉動。」這個反駁意見帶領我們來到整個解說的最後一部分。謝爾文一九七五年在《美國統計學人》的一文以及莎凡特一九九〇年在《大觀雜誌》的解答曾經困惑許多讀者，如今我們終於要揭曉其中的關鍵。我們得最後一次回到蒙提霍爾悖論。

假設蒙提‧霍爾根本不知道車子藏在哪裡。這時如果他打開 B 門出現山羊，你的確有相同的機率在 A 門或 C 門後面找到這部汽車。為什麼會這樣呢？想像我們重複玩一百五十次這個三道門的遊戲。每次遊戲開始前，由一位獨立裁判在三道門之間隨機移動汽車，身為主持人的蒙提‧霍爾也不知道車子的位置。如果讓你先選一道門，蒙提‧霍爾接著隨機打開剩下兩道門其中的一道，平均而言有三分之一的機率會出現汽車；從統計的角度來看，也就是一百五十次當中有五十次會出現汽車。在這五十次，遊戲當然就此結束；一旦你無法贏得汽車，遊戲將不再繼續下去。如此一來，蒙提‧霍爾打開 B 門出現山羊，遊戲得以繼續進行的次數剩下一百次。每一次，汽車有二分之一的機率藏在你最初選的門裡，因此沒

有理由改變選擇。也就是說，其中的五十次你會發現汽車的確出現在你選的門裡，另外五十次則出現在 C 門裡。再加上車子出現在蒙提打開的門後的五十次，三種不同的情況各發生五十次，意謂汽車出現在三道門後的可能性是相同的。

不過，如果蒙提知道車子的下落，他絕不會打開藏有汽車的門而浪費掉這五十次遊戲機會。總而言之，假設你每次都選 A 門好了，一百五十次當中有五十次，汽車會出現在 A 門裡，因此如果不換門的話，你有三分之一的機會贏得大獎。其餘的一百次當中，有五十次汽車藏在 C 門裡，蒙提打開 B 門；另外五十次車子在 B 門裡，他打開 C 門。在這一百次的所有遊戲中，蒙提總是打開藏有山羊的門，使得藏在另一個門後的車子不會出現。所以如果每次都改變選擇，在這一百五十次當中你將有一百次贏得汽車，整體機率正好是三分之二。

一試即知

莎凡特在她最後一次探討這個悖論的專欄裡，公開了超過一千所學校對此問題進行實作驗證的結果。幾乎所有結果都顯示，換門才是正確的選擇。這種「一試即知」的解答方式，也是我在幾年前向朋友解釋這個悖論時不得不採用的方法。那時我正為 BBC 製作一個電視科教節目，在搭車前往拍攝地點的漫長旅途中，我向攝影師安迪・傑克森（Andy Jackson）詳述這個悖論。我得承認，當時自己還沒想出上述的辯證與解釋，因此只能拿出一疊色卡來示範。我挑出三張卡片，一張紅色兩張黑色，洗牌之後將它們正面朝下，排列在我們之間的汽車座椅上。接著我小心翼翼偷瞄每張卡片的底

面，以便確認紅色卡片的位置。我請安迪挑選一張他認為是紅色的卡片，但不要掀開。我接著掀開其餘兩張卡片中我確定是黑色的那張，再讓安迪決定維持或更換所選的卡片。我們只試了不到二十次就向他證明，如果改變選擇的卡片，選到紅色卡片的機率大約是不改變的兩倍。他搞不太懂為何如此，不過至少相信我是對的。

我希望安迪能讀到這一章，並且終於明白其中的原因。希望各位讀者也是。

閒聊到此為止——還有九個正經的物理問題在等著我們呢！

2 阿基里斯與烏龜

「一切運動皆為假象」

我們將探討的九個悖論當中的第一個，可追溯至兩千五百年前。經歷這麼長時間的琢磨，相信讀者並不會訝異它已被徹底破解。不過對於初次接觸的人而言，這個悖論乍聽之下還是令他們暈頭轉向。這個謎題名為「阿基里斯悖論」（the Paradox of Achilles），又稱為「阿基里斯與烏龜問題」（the Problem of Achilles and the Tortoise），它其實是希臘哲學家季諾（Zeno）所提出的一系列問題之一。作為邏輯思考的範例，它其實再簡單不過了。但別以為本章僅只於此；我們將深入探討數個季諾悖論（Zeno's paradoxes），最後以其中一個悖論的現代版作結；它僅能以量子論來解釋。嘿，我從來沒有說要輕易放過各位讀者。

首先來看季諾悖論當中最著名的一個：在一場與身手矯健的阿基里斯的賽跑中，烏龜被允許率先出發；當阿基里斯起跑時，烏龜已經抵達路途中的某處（姑且稱為 A 點）。由於阿基里斯跑得比烏龜要快許多，他很快就抵達 A 點。然而，當他跑抵該處時，烏龜已經移動到更遠的地方，我們把它稱做 B 點。當阿基里斯跑抵 B 點，這時烏龜已經爬到更遠的 C 點；這個過程不斷重複。儘管阿基里斯不斷追近烏龜，每個階段兩者之間的差距也不斷縮小，前者卻永遠

不可能超越後者。這個敘述錯在哪裡呢？

　　不論是聰明才智、各種邏輯難題的推敲，或者僅是概括性的深刻思考，我們都無法凌駕希臘人。事實上，這些古哲學家們如此犀利，他們的邏輯具有如此深刻的洞察力，令人老是忘記他們是兩千多年前的人物。時至今日，當我們想舉天才的例子時，除了人氣始終居高不下的愛因斯坦之外，也常提及諸如蘇格拉底、柏拉圖以及亞里斯多德等人，作為人類智識卓越典範的代表性人物。

　　季諾誕生於古希臘的愛里亞城（Elea），該城位於現今義大利西南部。我們除了知道他是愛里亞哲學家巴門尼德斯（Parmenides）的學生之外，對其生平與著作所知皆不多。他們與另一位出身該城的哲學家麥利梭（Melissus）共同組成現今所稱的愛里亞學派（the Eleatic movement）。他們的哲學思想主張，一個人不能僅僅透過感官及感官經驗來理解這個世界，最終還必須依賴邏輯與數學。整體而言，這是合理的看法；不過讀者將會察覺，這個理念卻將季諾引入歧途。

　　就我們對季諾思想僅有的了解，他似乎少有自己原創的建設性觀點，而是熱中於推翻他人的論證。儘管如此，活躍於季諾之後一百年的亞里斯多德依然將他視為「辯證法」（dialectic）這個論證方式的創始人。辯證法是古希臘人（尤其是柏拉圖與亞里斯多德等哲學家）擅長的一種開放式討論，透過邏輯與推理在討論中解決想法意見上的歧異。

　　季諾的原著當中只有一部篇幅甚短的著作流傳至今，因此我們所知關於他的一切皆來自於他人的著述，特別是柏拉圖與亞里斯多德。季諾於四十歲左右旅行至雅典，並在那裡遇見年輕的蘇格拉

底。他晚年活躍於雅典政壇，最終因共謀推翻愛里亞城的統治者而被補入獄，並且刑求致死。有一則關於他的故事說，他寧願咬掉自己的舌頭吐在逮補者的臉上，也不願供出共謀者。但他最著名的，還是透過亞里斯多德的巨著《自然哲學》（*Physics*）流傳後世的一系列悖論。一般相信他共提出過約莫四十個悖論，但只有少數流傳下來。

季諾的所有悖論都圍繞著一個中心思想：一切都是亙古不變的；運動狀態（motion）只是一種假象，而時間本身並未真正存在。其中最著名的四個悖論分別被亞里斯多德命名為：阿基里斯（the Achilles）、二分法（the Dichotomy）、運動場（the Stadium）與飛矢不動（the Arrow）悖論。如果有什麼是希臘人擅長的，那當然是哲學思考了。像「一切運動皆為假象」這種恢宏的宣言，正是他們著名的抽象思考得到的結果，充滿煽動性。我們可以用現代的科學方法來駁倒這些悖論，不過它們實在有趣極了，值得我們重新探討。本章將逐一檢視這些悖論，並且說明如何運用較為謹慎的科學分析來破解它們。首先從我剛剛描述過的悖論開始吧。

阿基里斯與烏龜

這是我個人最喜歡的季諾悖論，因為它乍看之下完全合乎邏輯，卻以出乎意料的方式挑戰邏輯。阿基里斯是希臘神話中最偉大的戰士，擁有天生神力、勇氣與戰鬥技巧。半人半神的阿基里斯，其雙親為色薩利國王佩琉斯（King Peleus of Thessaly）與海神特媞斯（Thetis）。在荷馬（Homer）描述特洛伊戰爭（Trojan War）的

史詩《伊里亞德》（*Illiad*）裡，他的角色非常突出。據說當他還是小男孩時，速度已經快到足以捉住鹿，身體強壯得足以殺死獅子。季諾在他的悖論中選擇這位神話英雄與笨重的烏龜賽跑，顯然是兩種極端的對比。

此悖論乃是基於更古老的龜兔賽跑寓言，出自於名叫伊索（Aesop）的另一位古希臘人，大約活躍於季諾之前的一百年。在原本的寓言中，烏龜遭到兔子嘲笑，因此向兔子下戰帖賽跑，結果烏龜及時抵達終點而獲勝。兔子過於自大，以為自己的速度快到可以在中途睡上一覺，結果卻太晚醒來而追不上烏龜。

在季諾的版本裡，飛毛腿阿基里斯取代了兔子的角色。與兔子不同的是，他完全專注於比賽，卻因為讓烏龜率先起跑而種下敗因。無論賽跑距離多長，乍看之下烏龜終將贏得比賽，儘管在古希臘人眼裡兩者抵達終點的順序也許難分軒輊。根據季諾的解釋，不論這位英雄跑多快，或是烏龜爬多慢，阿基里斯永遠無法超越烏龜。這顯然與事實不符，究竟怎麼回事呢？

對於古希臘時期的數學家而言，這是個重大的難題，因為在當時還沒有所謂的「收斂無窮級數」（converging infinite series）概念，甚至連「無窮大」的意義都尚不明朗（這些觀念稍後會加以解釋）。在當時，擅長思考此類問題的亞里斯多德已經認為季諾的想法是一種「謬誤」。問題在於亞里斯多德及其他古希臘哲學家並無人知曉以下這個基本的物理學公式：速率等於距離除以時間。時至今日，我們對於物理學的了解已經比希臘人深刻許多。

「阿基里斯永遠無法超越烏龜」的敘述顯然不對。在以上所述的每一階段裡（A 點與 B 點之間，接著是 B 點與 C 點之間，依

序下去），逐步遞減的距離同時意謂著逐步遞減的時間間隔，因此無窮多個步驟並不等於無限長的時間。事實上，所有步驟加總起來得到的時間是有限的，也就是阿基里斯追上烏龜所耗的時間！這個悖論的矛盾癥結在於，多數人無法接受將一串無窮長的數列（an infinite sequence of numbers）累加之後，總和卻不見得無窮大。有限的時間之內能夠完成無窮多個步驟聽來也許很怪，然而邏輯卻告訴我們，烏龜可以輕易地被追上並超越。這個矛盾的破解有賴於數學家所稱的「幾何級數」（geometric series）。

考慮以下級數的例子：

$$1 + 1/2 + 1/4 + 1/8 + 1/16 + 1/32 \cdots\cdots$$

讀者當然可以試著將愈來愈小的分數不斷累加上去，使得總和愈來愈接近 2。大家可以試試看，在紙上畫一條直線，將它等分為兩段。接著將右半段再等分為兩半，繼續下去直到直線小到無法在紙上做記號為止。如果取直線的一半作為一單位長度（單位用公分、英寸、公尺或英里皆可），那麼將以上級數中的分數連加之後，總和將收斂（converge）於二單位長度。

如果將以上方法應用到本悖論，我們應當考慮每階段阿基里斯與烏龜之間逐漸遞減的距離，而非兩者的個別位置。由於他們各自以不同的等速率前進，兩者之間的距離也以等速逐漸減少。例如，假若阿基里斯讓烏龜領先一百公尺起跑，之後以每秒鐘十公尺的速率接近烏龜，依照季諾的講法結果會如何呢？嗯，五秒後兩者之間的距離將會減半，再過兩秒半之後再減半，再過一又四分之一秒之後再減半，如此繼續下去。如果願意的話，我們可以將這些逐步遞

圖 2.1 收斂的無窮級數

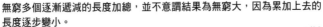

無窮多個逐漸遞減的長度加總，並不意謂結果為無窮大，因為累加上去的長度逐步變小。

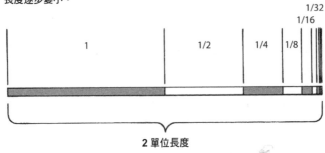

減的時間間隔裡逐步遞減的跑步距離累加起來，但是並不會改變如下的事實：如果阿基里斯以每秒十公尺的速度趕上烏龜，他會在十秒鐘之後超越對手，這正是他將兩者之間原本一百公尺的距離削減至零所需的時間。而這十秒正是無窮級數的總合：5 秒＋ 2.5 秒＋ 1.25 秒＋ 0.625 秒＋……累加起來，直到下一個累加的分數小到讓我們願意停下來為止（此時總和等於 9.9999……秒）。十秒鐘之後，烏龜理所當然只能看著阿基里斯絕塵而去（除非阿基里斯決定在半路上停下來喝杯啤酒，但這種故事情節對季諾澄清其論點並無任何幫助）。

二分法悖論

第二個季諾悖論否定運動狀態本身的真實性，是阿基里斯悖論

同一主題的變形。它的敘述很簡單：

> 在到達目的地之前，你必須先走完一半的路程。在走完一半路程之前，你必須先走完四分之一。在走完四分之一路程之前，你必須先走完八分之一路程，以此類推。如果將路程一直減半，你永遠抵達不了第一個里程碑，你的旅程永遠無法開始。此外，這個不斷遞減的距離數列是無窮的，要完成整個旅程意謂要完成無限多個步驟，因此你永遠無法走完它。如果你無法開始一段旅程，又無論如何無法完成它，那麼運動本身即不可能發生。

我們透過亞里斯多德得知這個悖論。他知道這是無稽之談，想找出有效的邏輯論點來給予致命一擊，畢竟運動是一種顯而易見的狀態。季諾用了一種稱為「歸謬法」（reductio ad absurdum）的技巧，將某種想法加以延伸再延伸，直到得出邏輯上的離譜結論。我們要記得，季諾並不是數學家；他的論點僅透過單純的邏輯，可這麼做往往是不夠的。其他希臘哲學家則透過較為直接而務實的方法來反駁季諾指稱運動是假象的論點。其中之一便是犬儒學者第歐根尼（Diogenes the Cynic）。

「憤世嫉俗」一詞（cynicism，大寫時譯為犬儒主義）來自於古希臘時期的唯心哲學運動。相較於這個名詞當今的意涵，希臘犬儒學派（the Cynics）是由一群素行較為良好的學者組成：他們反對財富、權勢、名聲、甚至財產，改以一種遠離人性罪惡的簡單方式來生活。他們相信人生而平等，而且世界平等地屬於每個人。最著名的犬儒學派哲學家也許就是第歐根尼，他活躍於西元前四世紀，

約與柏拉圖同時期。許多著名的格言出自於他，例如「臉紅是美德的顏色」、「狗與哲學家做出最多善行，但卻得到最少回報」、「知足者最富有」、「我只知道一件事，就是我一無所知」。

第歐根尼將犬儒主義的教誨發揮到極致。他似乎將貧窮當成一種美德，在雅典市集中的一個木桶裡居住多年。他以對世間的一切嗤之以鼻而聞名，尤其對於當時大部分的哲學教條，即便是來自蘇格拉底或柏拉圖這些鼎鼎大名的哲學家亦然。因此，讀者可以想見他對於季諾悖論的觀感。在聽到季諾關於運動是假象的二分法悖論當下，他只是一派輕鬆地站起來走開，以行動直接證明季諾論點的荒謬性。

儘管第歐根尼直截了當的作法值得喝采，我們仍需仔細研究一下季諾的邏輯究竟哪裡出了差錯。這其實不難，畢竟有兩千多年的時間供我們釐清。也許讀者覺得光靠常識就足以解開季諾悖論，但我並不這麼認為。我畢生大半歲月身為物理學家，特別是一直以來用物理學家的思維方式思考，對於僅僅依賴常識性、哲學性、或邏輯性的論證來反駁二分法悖論並不滿足。我需要的是嚴謹的物理，這對我來說更具說服力。

我們所要做的，就是將季諾關於距離的論點轉換成時間。假設你通過出發點時已經以等速往前移動一段時間。速率的意義乃是某段有限的時間裡移動某個距離，這是季諾所不明白的。在等速的情況下，移動的距離愈短，所需的時間也愈短，然而兩者相除的結果必然固定不變，也就是你的速率。出發後，需考慮的行經路程愈來愈短，相對應的時間間隔也愈來愈短。不過不論被分割成多麼細小的間隔，時間必然繼續前進。將時間（而非空間）當成一條可以無

限分割的靜止線段並沒有錯（而且我們解物理問題時，也經常用這種方式來處理時間），但關鍵在於，我們對於時間的知覺感受與空間中的靜止線段不同。我們無法將自己抽離到時間洪流之外。時間無論如何會繼續前進，也因此我們會往前移動。

如果我們不是從移動中的觀點來考慮這種情況，而是從靜止開始移動的話，只需要運用多一點額外的物理就足夠了，也就是以前中學教過的牛頓第二定律。（大多數人肯定很快就忘了。）這個定律指出，為了要讓一個物體開始移動，必須在該物體上施力。力使物體產生加速度，使物體從靜止進入運動狀態。當它進入運動狀態之後，就適用相同的論證：也就是說，經過一段時間之後，物體的移動距離乃是根據它的移動速率而定，而這種情況下的速率不一定是固定的。二分法悖論只是一個未能反映真實物理運動現象的不當抽象陳述罷了。

在進入下一個悖論之前，我應該要做最後的註解。愛因斯坦的相對論告訴我們，也許我們不該自信滿滿地否定二分法悖論。根據愛因斯坦的理論，時間可以當作與空間類似的維度；事實上，他將時間看成「時空」（space-time）的第四個座標軸，或第四次元。這暗示著，或許時間的流逝終究只是一種假象——果真如此的話，那麼運動也是。我認為，儘管相對論是成功的，以上結論卻會讓我們離開物理學領域，進入形上學的渾沌之中，而形上學討論的是缺乏經驗科學作為後盾的抽象想法。

我的意思不是愛因斯坦的相對論有錯；它當然是對的。但只有在物體以極快速度移動，也就是接近光速時，愛因斯坦所發現的效應才會顯著。在日常生活的速度下，這種「相對論性」效應足以忽

略，我們用日常熟悉的方式來看待時間與空間即可。此外，若將季諾的論點推展到邏輯思考上的極限，以為時間與空間經過無窮次分割後，仍可繼續分割成更小的離散間隔，這種想法並不正確。分割單位小到某種程度之後，量子效應開始出現，時間與空間本身變得「模糊」起來（fuzzy，意謂無法精確測量），無法再繼續分割成更小的單位。事實上，在原子與次原子粒子的世界中，運動的概念的確有點虛幻不實。但這並不是季諾所要探討的。

解開季諾的二分法悖論並不需要用到量子物理與相對論，儘管在這個架構下討論這些理論相當有趣。如果用以上現代物理的概念試圖論證一切運動皆為假象，不但偏離主題，物理學還可能搖身一變成為神祕主義。因此，我們還是不要將問題過度複雜化；相信我，接下來你還有許多機會碰到諸如此類不可思議的物理概念。

運動場悖論

接著我們趕緊進入下一個主題。另一個與速率概念相關的季諾悖論被稱為「移動行伍悖論」（Moving Rows Paradox）。我們透過亞里斯多德的著作得知它，他稱之為「運動場悖論」，但描述得晦澀不明。我盡可能用簡單易懂的方式來介紹這個悖論。

設想三列火車，每列火車有一節火車頭與兩節車廂。第一列火車停靠在火車站。第二列與第三列火車以相同的速率反向等速過站，但不停靠；B 列車從西側進站，C 列車從東側進站。

在某個瞬間，三列火車的位置如圖 2.2（a）所示。接著，在一秒之後，它們恰好並列，如圖 2.2（b）。季諾悖論的問題在於 B 列

圖 2.2　移動行伍悖論

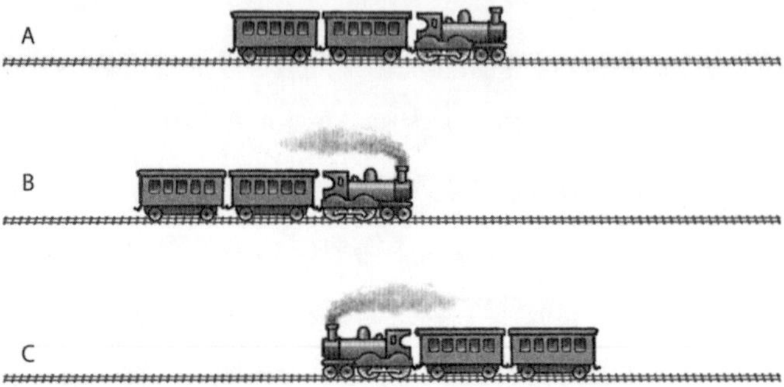

（a）**A** 列車靜止，**B** 列車由左向右前進，**C** 列車以和 **B** 列車相等的速率由右向左前進。

（b）一秒鐘之後，三列火車並列在一起。

車的運動：在這一秒之內，它通過 A 列車一節車廂的距離，但卻通過 C 列車兩節車廂。此悖論指出，在這段時間內，B 列車同時前進了一倍與兩倍的距離。季諾似乎察覺它們只是相對距離，因此試圖透過時間來闡述此一悖論。將這兩段距離除以 B 列車的速率，我們會得到兩段時間間隔，其中一段是另一段的兩倍長。矛盾之處在於，這兩段似乎都是上圖到下圖所經歷的時間！

這個悖論很容易解決，因為推理過程的錯誤顯而易見。有種叫做相對速率的物理量；B 列車相對於逆向駛來的 C 列車與靜止的 A 列車，速率當然是不同的。至於季諾是否清楚這一點，以及他是否藉此闡明運動虛幻本質的微妙之處，我們無從得知。小學生也知道，這當中其實毫無矛盾之處。B 列車以某個相對速率行經 A 列車，卻以兩倍的相對速率行經 C 列車，因此在通過 A 列車一節車廂的同一時間內，它會通過 C 列車的兩節車廂。

飛矢不動悖論

這是另一個以「運動皆假象」為立論中心的悖論，與二分法悖論相同。亞里斯多德是這麼描述它的：「當物體靜止時，其所占空間大小保持不變；若其移動時的任一瞬間也總是占據相同大小的空間，則飛矢不動。」

這是啥？請容我用更清晰易懂的方式來敘述。

在每個瞬間，飛矢總是占據空間中某個特定位置，正如攝影快照捕捉到的影像。但如果我們只在某個特定的瞬間看到它，將無法分辨它是否為停留在同一位置靜止的箭。如何指出一支箭是否正在

飛行？再加上，時間是由一連串連續的瞬間所構成，每個瞬間箭都是靜止的，因此飛矢不動。

矛盾的是，我們知道當然有運動這種狀態，而且飛矢確實在動。那麼季諾的邏輯錯誤出在哪裡呢？

我們可以將時間看成由一系列無窮短的「瞬間」所構成，並且將這些「瞬間」想像成不可分割的最小時間單位。身為物理學家，我看得出季諾的論點問題出在哪裡。如果這些不可分割的瞬間其時間長度並非真正為零（亦即不是真正的快照），那麼這支箭在每個瞬間的開始與結束時，就會位於略為不同的位置上，它就不能被當成靜止。相反地，如果這些瞬間的歷時真的為零，那麼不論經歷多少個連續相鄰的瞬間，永遠不可能加總出有限的時間間隔——我們可以將任意多個零相加，其總和依然是零。因此，季諾指出有限時間間隔是由一系列連續相鄰的瞬間所構成，此論點其實並不正確。

要讓這個悖論完全塵埃落定，有賴於物理學與數學的後續發展。更明確地說，十七世紀牛頓及其他數學家所發展出來的微積分，幫助我們理解如何加總微小的變化量來正確描述「變化」的概念，使季諾天真的想法最終得以釐清。

然而，這個悖論卻有個出人意表的結局。一九七七年，兩位德州大學（University of Texas）的物理學家發表一篇令人驚訝的研究論文，指出我們對季諾的飛矢不動悖論或許太早下定論了。他們分別是貝迪阿那‧米斯拉（Baidyanath Misra）與喬治‧蘇達桑（George Sudarshan），論文題為〈量子論中的季諾悖論〉（*The Zeno's Paradox in Quantum Theory*），激起全世界物理學家的興趣。有些物理學家認為他們的研究很蠢，另一些物理學家則趕緊做實驗

試圖驗證他們的構想。在進一步詳細解釋之前，我想先說明一些關於量子力學詭異又有趣的基本概念，在本書的現階段先給讀者一個交代。

季諾悖論與量子力學

量子力學是描述微觀世界如何運作的理論。此處所指的微觀世界並非透過顯微鏡才看得到的微小世界，而是遠小於這個尺度的分子、原子，與構成它們的次原子粒子（亦即電子、質子與中子）。事實上，量子力學是整個科學領域當中最有力、最重要、也最基礎的一套數學構想。其非凡之處出自於兩個看似對立的理由（其實這件事本身就幾乎是個悖論！）：一方面它是我們理解這個世界如何運作的基礎，而且也是過去半個世紀以來推動絕大多數科技發展的核心理論；在另一方面，卻沒有人真正理解它的意義。

我必須在一開始就特別強調，量子力學的數學理論本身既不詭異也不矛盾。相反地，它嚴謹美妙並且符合邏輯，是一個能夠完美描述自然界物理現象的理論架構。沒有它，我們將無法了解現代化學的基本原理，甚至電子學或材料科學；我們將不會發明矽晶片或雷射；電視機、電腦、微波爐、CD 與 DVD 播放器、行動電話等也不會出現，更別提許多其他在科技時代的日常生活中，我們習以為常的產品。

量子力學能夠精確預測並解釋物質各個組成部分的行為，而且準確度極佳。它使我們幾乎徹底且精準地理解次原子世界如何運作，也讓我們理解各種不同的粒子如何進行交互作用，構成周遭的

世界，而我們也是其中的一部分。畢竟我們是數以兆計原子的組合，這些原子在量子定律的規範下，以極為複雜的方式組織起來。

這些奇怪的數學規則在一九二〇年代被發現，結果顯示它們與主宰我們熟悉的日常世界的物理定律大相逕庭。在本書末尾關於薛丁格的貓的章節裡，我將會探討其中某些規則有多麼古怪。現階段，我想將焦點放在量子世界一個特別詭異的性質，也就是當一個原子任其自行演變，或不斷受到「觀測」時，兩者所表現出來的行為將會十分不同。所謂「觀測」，指的是不斷刺探原子的狀態，像我們戳打敲擊某個未知物品一樣。我們至今仍未完全了解量子世界的這個特性，一部分是因為我們近來才逐漸明白如何正確地進行「觀測」。這個課題被稱為「量測問題」（measurement problem），至今仍然是熱門的研究主題。

量子世界受到機率左右，在這個世界裡沒有任何現象與日常所見吻合。如果將一個放射性原子孤立起來，它將放出一個粒子，但我們卻無法預測何時會發生，只能訂出一個半衰期，也就是一大群同類的原子其中半數產生放射性衰變所需的時間。原子數目愈多，測得的半衰期就愈精確，但我們永遠無法預測樣品中下一個衰變的原子是哪個。這很像描述丟擲銅板結果的統計學。我們知道如果反覆丟擲同一個硬幣，那麼其中半數的結果將出現正面，另外半數則出現反面。丟擲愈多次，就愈接近統計所預測的結果。可我們永遠無法預測下一次丟擲會出現正面或反面。

量子世界的機率性本質，並非由於量子力學本身只是個不完備或近似的理論，而是因為原子自己也不知道衰變這種隨機事件何時會發生。這是「非決定論」（indeterminism，即不可預測性）的一

個典型範例。米斯拉與蘇達桑發表在《數學物理期刊》（*Journal of Mathematical Physics*）的論文描述以下驚人狀況：當一個放射性原子持續受到嚴密的觀測時，它將永遠不會衰變！這個想法可用一句古諺總結：「盯著水壺水不沸。」據我所知，這句話出自於維多利亞時期作家伊莉莎白・蓋斯凱爾（Elizabeth Gaskell）一八四八年的小說《瑪麗・巴頓》（*Mary Barton*），不過這類古諺通常能追溯至更久遠之前。季諾的飛矢不動悖論，以及前述瞬間快照無法讓我們決定物體是否在動的事實裡，都可以找到這句古諺的意涵。

這實際上是怎麼發生的，而且為什麼會這樣？上述盯著水壺的古諺，顯然不過是一則關於耐性的格言罷了，告訴我們：盯著水壺並不能使水早點煮沸。然而，米斯拉與蘇達桑似乎指出，當對象換成原子時，盯著它們確實會改變其行為表現。更有甚者，這種對物質的干擾是無法避免的──「看」這個動作將會無可避免地改變被觀測對象的狀態。

這個想法直指量子力學的核心：微觀世界被描述成一個模糊而幽幻的存在，當它不受外在干擾時，各種古怪的事情不斷頻繁地發生（第九章會再度探討這個概念），我們卻完全無法得知這些怪事怎麼發生。一個獨處時會自發性地放出一顆粒子的原子，受到刺探時卻羞於進行相同的動作，故我們永遠無法目睹此一過程。原子彷彿被賦予某種意識一樣──儘管這想法很瘋狂。量子世界就是個瘋狂的世界。量子論其中一位創建者是丹麥物理學家尼爾斯・玻爾（Niels Bohr），他於一九二〇年在哥本哈根創立了一個研究機構，吸引了當時最偉大的幾位物理天才前來，包括維爾納・海森堡（Werner Heisenberg）、沃夫岡・包立（Wolfgang Pauli）、以及爾

文・薛丁格（Erwin Schrödinger）等人，這些人試圖解開自然界最小的建構單元之謎。玻爾的名言之一說道：「如果你不為量子力學的結果感到震驚，就表示你沒弄懂它。」

米斯拉與蘇達桑的論文題目〈量子論中的季諾悖論〉係源自飛矢不動悖論。平心而論，儘管結論尚有爭議，對於多數量子物理學家而言，它已經不再是個悖論。現今的文獻多半稱它為「量子季諾效應」（Quantum Zeno Effect），已知的應用範疇也遠大於兩位學者在論文中所提到的。量子物理學家們將會很樂意向讀者解釋這個效應出於「其波函數恆定地崩陷在原子初始未衰變的狀態」。各位應該猜得到這些人嘴裡會吐出這種令人無法理解的火星語吧？！（我也是「這些人」其中之一無誤。）我並不打算在此針對這點作進一步的澄清，以免讀者真的被弄得暈頭轉向。

由於量子物理學家努力想了解原子對於周遭環境的反應，近來發現量子季諾效應其實無所不在。其中一個重大進展來自於科羅拉多州的美國國家標準技術局（National Institute of Standards and Technology，世界上最負盛名的實驗室之一）。在一九九〇年的著名實驗中，他們確認量子季諾效應的存在。這個實驗在恰如其名的「時間與頻率部門」（Division of Time and Frequency）進行，該部門因為設下最精確的時間度量標準而聞名於世。他們的科學家最近建造出有史以來最精準的原子鐘，準確到每三十五億年誤差不超過一秒鐘，將近地球的年齡！

其中一位建造這個精確到不可思議的時鐘的物理學家名叫韋恩・義塔諾（Wayne Itano）。偵測量子季諾效應的實驗正是由他的研究團隊負責設計與執行。這個實驗將幾千個原子捕捉在一個磁場

內，然後用經過精密計算的雷射光衝擊，迫使它們「供出」自己的祕密。研究人員發現量子季諾效應的明確證據：在持續的觀測下，這些原子表現出與原本預期完全不同的行為。

故事還有一個最後的轉折：近來我們已經找到相反效應的證據，即所謂的「反季諾效應」，也就是一直盯著水壺可以讓它早點煮沸的量子版本。雖然當中有很多想法還停留在猜想階段，不過這類研究將會是二十一世紀科學領域裡影響最深遠、可能也最重要的核心基礎，例如建造量子電腦。量子電腦運用某些量子世界的古怪行為，以便更有效率地進行運算。

我不確定愛里亞的季諾對於他的悖論再度復活會做出什麼樣的評論，或是如何看待他的名字在兩千五百年後被用於一個令人嘖嘖稱奇的物理現象上。在這種情況下，此一悖論無關乎邏輯，卻與大自然在微觀原子尺度下更神奇的力量息息相關，而我們正要開始了解這些特性。

季諾悖論引領我們從物理學初生之時進入二十一世紀最尖端的物理觀念。本書中的其他悖論都是在這兩個時間點之間誕生的。為了要解開它們，我們必須要前往宇宙所及最遙遠之處，並探索空間與時間的本質。敬請拭目以待。

3 奧伯斯悖論

為什麼入夜之後天色會變暗？

　　多年以前，我偕同家人以及一群朋友前往法國度假。我們住在中央高原利慕桑地區（Limousin region of the Massif Central）一間清幽的鄉間小屋裡，該地區是法國人煙最稀少的區域之一。有一天夜裡，在小孩都上床之後，我們幾個大人坐在戶外，一邊啜飲當天最後幾杯的當地葡萄酒，一邊抬頭欣賞閃爍無垠的夜空，談論著法國的領土是多麼廣大，居然還找得到像這樣杳無人跡且光害稀少的鄉下地方，而我們這幾個住在人口稠密東南英格蘭的城市俗，在有幸見到滿天星斗時又多麼不習慣。令人印象最深刻的，是一條橫過天空微微發亮的稀薄帶狀物，有如一抹淺淺的雲。

　　雲會擋住背後的星光，然而在淺淺的亮帶中閃爍的眾多星星卻清晰可見，數量約與夜空的其他區域相當。看來亮帶是位在遙遠的星星之後。身為團體中唯一的專業科學家，我熱切地向大家指出，我們所見的亮帶其實是銀河系中央圓盤的側面，而這條亮帶比所有肉眼可見、一顆一顆的星星都要遠得多。令我驚訝的是，有幾位朋友承認他們從來沒見過銀河，但對於我的解說極感興趣：這條亮帶包含了構成銀河系本體數以億計的恆星，由於這些恆星過於遙遠，我們無法辨別出它們各自的星芒，只看得到一片瀰漫的稀薄亮光。

　　當然，並非我們在夜空中所見的所有星芒都來自於恆星。最明亮的天體（月亮除外）是我們的行星鄰居：金星、木星與火星。他們之所以發光，是因為反射來自太陽的光線，而太陽因為夜間在地球的另一側，所以我們看不到。太陽系以外離我們最近的星星有數光年之遙。請注意，光年是距離單位而不是時間單位，別搞混了。它是光在一年之內所走的距離，將近十兆公里。用比較容易理解的方式來說就是：地球與太陽相距一億五千萬公里，相當於 0.000016 光年。事實上，較為合理的講法是地球與太陽之間的距離為 8.3 光分，這是光走完這段距離所需的時間（八分鐘多一點）。

　　在太陽之外，離我們次近的恆星是半人馬座的比鄰星（Proxima Centauri），距離稍遠於四光年。然而它並不是天空中最亮的恆星，最亮的頭銜歸天狼星所有，距離我們大約是比鄰星的兩倍遠。只有月亮、木星與金星一年四季的亮度都超過天狼星。除了在北極圈北方數百英里以北之外，地球上幾乎任何位置都看得見天狼星。它與參宿四和南河三共同形成北半球可見的「冬季大三角」。找天狼星可以先從獵戶座腰帶的三顆星下手，向下延伸就能找到，很難錯過。

　　其他的亮星包括距離甚遠但巨大的參宿七，它是一顆藍超巨星，大小是太陽的七十八倍，亮度為太陽的八萬五千倍，使它成為我們銀河系周遭最明亮的星體。它在夜空中卻不像其他星星（例如天狼星）這麼亮，因為它距離地球遠得多（約七百到九百光年之間）。此外還有跟參宿七差不多遠，體積比它還大但稍暗的紅超巨星參宿四，這顆巨大的星體亮度約為太陽的一萬三千倍，體積是太陽的一千倍。它大到如果放在太陽系中心取代太陽的話，將會吞噬

掉水星、金星、地球、火星與木星的軌道！

　　當人類開始使用望遠鏡，探索比肉眼可見更遙遠的太空時，我們才明白原來星星在宇宙裡並不是均勻分布；相反地，它們集結成群，形成星系，猶如巨大的星星之城，星系之間則隔著大到不可思議的虛無空間。夜空中肉眼可見的星星（包括天狼星、參宿七與參宿四）都位於我們所在的銀河系，而且都只位於我們周遭的局部區域而已。

　　在完備的條件下（也就是位於地球上剛好的位置與剛好的時間），用肉眼可辨識出數以千計的星星，使用夠好的小型天文望遠鏡則能看到數十萬顆。不過這只是銀河系兩千億到四千億顆星星裡微不足道的一小部分而已，甚至還不到百分之一。這個數目相當於當今全世界人口平均每人可分配到五十顆星星。

　　這就是為什麼銀河系的星系盤看起來像是橫過天空無數塊淡淡的光暈連結在一起。銀河系中心距離地球約二萬五千光年，星系本身的直徑大小約為十萬光年。這麼遙遠的距離使星星變得極暗淡，也意味著我們看見的不再是分開而清晰的光點，而是由數十億顆星星的光芒共同累積形成的一片微光。

　　恆星在星系內也不是均勻分布。恆星多半兩兩成對，或者聚集成群，並且相互繞行。有些年輕的恆星會成百地聚集成疏散的星團，而更大群數以千計的恆星則形成球狀星團。

　　我們當然無法分辨其他星系中的個別星體。事實上，如果不用強力望遠鏡的話，幾乎不可能看得到其他星系。即使是離我們最近的仙女座星系以及大小麥哲倫星雲，單憑肉眼也很難看見；它們看起來只是一小點極微弱的光暈而已。

　　仙女座星系比我們的星系稍大，距離我們兩百萬光年。如果將銀河系縮小到地球的尺寸，仙女座差不多與月亮一樣遠。仙女座星系有一兆顆恆星。我仍然記得，第一次在望遠鏡裡見到它昏暗模糊的螺旋狀身影時內心的激動。特別令人震撼的，是我所看見的並不是這個星系目前的面貌，而是兩百萬年前的模樣。這些遠早於人類出現在地球之前就離地球而去的光線，直到現在才進入我的眼簾，完成漫長的旅程。那一刻我覺得不可思議的榮幸，竟能身在此處，透過視網膜接收這些遠道而來的光子，誘發神經電訊號傳遞到腦神經細胞，進而感受我所目睹的一切。

　　物理學家往往以這種古怪的方式進行思考。

　　不僅恆星會在星系內部形成星團，星本身也會集結成星系團。我們的銀河系是構成「本星系群」（Local Group）的約莫四十個星系之一，其他成員還有大小麥哲倫星雲以及仙女座星系。隨著更強大的天文望遠鏡不斷被製造出來，我們能夠探索太空中更深遠之處。現今天文觀測技術精確度與複雜度之進步，已經讓我們知道甚至連星系團本身都會聚集成超星系團（supercluster）。我們的本星系群其實隸屬於本超星系團（Local Supercluster）。我們的宇宙最遠到哪裡？它是否真的無窮大呢？我們根本不知道答案。這個問題已經困擾天文學家好幾個世紀，並且引出我們所要探討的下一個悖論。

　　當我們抬頭凝望夜空時，可能會提出一個非常深奧的問題：

為什麼入夜之後天色會變暗？

　　讀者也許認為這不過是個無聊的問題。畢竟連小孩子都知道，當太陽「落」到地平線以下，夜幕便降臨。而且，地球附近的夜空

也沒有像太陽這麼明亮的天體，足以壓過月亮的微弱光芒以及來自遙遠星體更微弱的光芒。

然而，這個問題遠比乍看之下更為深奧。事實上，在天文學家找到答案之前，這個問題困惑他們好幾百年。它就是「奧伯斯悖論」（Olbers' Paradox）。

問題是這麼來的：我們有足夠的理由相信，即使宇宙不是無窮大（而且很可能真的不是），它也大到我們無法到達其邊界。當我們從每個方向遙望天空，都應該會看到一顆星星，它讓白天的天空變得更明亮——它應該一直都很亮，不管日昇日落、白日黑夜。

以另外一個例子來說明。請讀者想像自己站在一座一望無際的森林裡，森林大到往任何方向都延伸到無窮遠。接著，水平射出一支箭。在這個理想化的例子裡，先假設這支箭會一直水平飛行，射中樹幹之前不會落地。即使這支箭一開始錯過較近的樹，它終究必定會命中一棵。因為森林的範圍是無窮的，只要飛得夠遠，一定有一棵樹剛好位在箭的飛行路徑上。

現在，假設我們的宇宙一直往外延伸，有無限多顆星星均勻分布在其中。這些星星發出的光線正如上例中的箭，但是行進方向相反。不論我們朝天空的哪個方向看去，視線裡總會有一顆星星，也就是每個縫隙裡都看得到星星，所以整個天空不論在任何時刻都會跟太陽表面一樣明亮。

當各位讀者頭一次面對這個難題時，也許會從此章開頭裡的說明提出兩個疑點。首先，你會問：遙遠的星星不是因為太暗，所以我們看不到嗎？第二個疑點是：星星並不是均勻分布在宇宙裡的，對吧？它們不是聚集成星團，星團再聚集成星系嗎？這兩個課題都

無關緊要。第一個問題的回答是，雖然較遠的星體顯得比較近的星體暗，不過由於前者距離較遠，它們其實在太空中所占的區域較大，也包含了為數較多的星星。本章稍後將提到的簡單幾何運算結果顯示，這兩種效應正好互相抵銷──以太空中任一小區塊而言，其中較近但為數較少的星星所產生的總亮度，將會與較遠但為數較多的星星相同。至於第二個疑點，星星在宇宙中的確不是均勻地分布，而是集中在各個星系裡，就像秋天的落葉被掃成一堆一堆這樣。然而論點並未因此改變，只要將星星換成星系即可：也就是夜空將會跟一般的星系一樣亮──儘管不像恆星的表面那麼亮，卻依舊亮得令人睜不開眼睛。

　　事實當然不是這樣。而且，我們即將明瞭答案之所以為否，原因來自人類有史以來對於宇宙真相最深刻的發現。為了圓滿解決這個悖論，我們得先回顧一下它的發展史。

數不盡的星星

　　如果讀者知道天文學家在多久之前就已經察覺這個悖論的存在，便會明白以下事實多麼令人驚訝：直到一九五〇年代，這個悖論才首度由來自德國不萊梅（Bremen）十九世紀的醫生兼業餘天文學家韓瑞契·威漢·奧伯斯（Heinrich Wilhelm Olbers）正式提出，並以他的名字命名。在此之前，對這個問題感興趣的天文學家可說是少之又少。

　　一九五二年，著名的澳洲裔英國宇宙學家赫曼·邦迪（Hermann Bondi）出版了一本極具影響力的教科書，書中首度使用

「奧伯斯悖論」一詞。不過我們稍後將明白，這本書其實有張冠李戴之嫌。奧伯斯既不是第一個提出此一問題的人，他的解答也不具特別的原創性或啟發性。早他一個世紀的艾德蒙‧哈雷（Edmond Halley）已經敘述過，再早一個世紀的約翰尼斯‧克卜勒（Johannes Kepler）也在一六一〇年提過。甚至連克卜勒都不是第一個寫下這個問題的人。為了了解整件事的始末，我們得回到一五七六年；哥白尼（Copernicus）的鉅著《天體運行論》（De Revolutionibus）發表數十年後，第一個英語譯本在這年終於出現。

任何關於天文史的論述總是從相同的幾個關鍵人物開始。首先登場的是西元二世紀的希臘人托勒密（Ptolemy），雖然身為有史以來最重要的科學教科書之一《天文學大成》（Almagest）的作者，他卻誤以為太陽繞地球公轉。他發展出以地球為中心的宇宙模型，並且被全世界天文學家奉為圭臬達一千多年之久。接下來是十六世紀的波蘭天才哥白尼，他推翻托勒密的「地心」學說，並將太陽與地球的位置對換，被尊為現代天文學的鼻祖。我們也不能遺漏伽利略（Galileo），他是一六〇九年史上第一位將望遠鏡指向天空的人，並且透過觀測證實哥白尼「日心」模型的正確性：地球的確繞著太陽公轉，與其他行星一樣。

但是哥白尼的模型並不完全正確。他將地球從宇宙中心這個至高無上的位置移開的做法無誤，卻錯在直接用太陽取而代之，並相信太陽系即是整個宇宙。《天體運行論》被認為是引發科學革命的重要著作之一，書中展示了一幅具有指標意義的太陽系示意圖。該圖正確地將地球置於太陽外圍僅次於水星和金星的第三顆行星位置上，而月亮是天空中唯一繞地球公轉的天體。往外接著是火星、木

星和土星。到此為止都正確（土星以外的行星尚未被發現），可是
接下來哥白尼做了一件很有趣的事，他將所有的恆星放在最外圍繞
太陽公轉的同一個固定軌道上，使得太陽成為整個宇宙而非一個行
星系統的中心。

　　我們現在當然知道，太陽並不在這個特殊的位置上。太陽事實
上位於宇宙某個不起眼角落裡平凡星系中的某個旋臂外側。過去幾
個世紀以來，愈來愈詳細精確的天文觀測資料不但協助我們建立現
代宇宙論，也讓我們明白宇宙並沒有中心，而且很有可能往四面八
方一直延伸出去。然而，在望遠鏡發明之前就已提出日心學說的哥
白尼並沒有機會得到這些知識。

　　下一階段的突破得靠英國的天文學家湯瑪士・迪格斯（Thomas
Digges），他來自英國牛津附近一個沉悶的市集小鎮瓦陵福
（Wallingford），算不上赫赫有名。他生於一五四六年，亦即哥白
尼逝世後數年。他的父親倫納德・迪格斯（Leonard Digges）也是
科學家，被推崇為經緯儀的發明人。經緯儀是現今主要由測量師使
用的一種儀器，用來精確量測水平與垂直角度。湯瑪士在一五七六
年出版了由其父所著、廣受歡迎的天文年鑑《永恆的預測》（A
Prognostication Everlasting）的修訂版，以附錄的形式將新題材加入
書中。這本書最重要的貢獻在於首度將哥白尼的鉅著譯成英文。從
現在的觀點來看，一本內容資料並非來自哥白尼的天文書籍，竟然
願意將這個理論放在附錄裡，實在相當神奇。雖然湯瑪士・迪格斯
出版了這個當時飽受爭議的宇宙模型並加以提倡，但他所做的重要
工作不只於此。我認為，他進一步改良這個理論為天文學發展所帶
來的貢獻，與哥白尼不相上下，他卻遠不如哥白尼有名。

　　迪格斯修改了哥白尼著名的太陽系示意圖，將原圖中位於最外層的眾多恆星從固定的單一圓形軌道上解放出來，散布到太陽系外廣大無垠的太空中。他因此成為史上第一位提出無限大的宇宙包含無窮多星星的天文學家——不過古希臘哲學家德謨克利特（Democritus）曾經暗示過同一概念。

　　迪格斯的突破並非來自猜想。他受到一起發生於一五七二年的天文事件啟發，產生新的宇宙觀。正如當時全世界的其他天文學家一樣，對於天空中突然冒出的明亮新星他也目瞪口呆。現今的我們知道這種偶發事件是超新星爆發：當恆星來到生命終點，用盡所有核燃料之後，自身重力使星體急遽坍縮；這個過程引發衝擊波並向外傳遞，導致星體外層物質被猛烈炸向外太空，同時伴隨最後一次極為劇烈的能量釋放。事實上，爆發時所釋出的能量之高，其亮度甚至會短暫地超越整個星系。這些天體物理學的概念在十六世紀時尚未明朗。當時普遍認為，月亮軌道之外的宇宙結構是穩定而恆常不變的，如果夜空中突然短暫出現明亮星體，隨即再度變暗，它一定非常接近地球，而且必然在月球軌道以內。

　　迪格斯是當時少數算出一五七二年超新星勢必出現在距離地球極遠處的天文學家之一，其他還包括大名鼎鼎的第谷‧布拉赫（Tycho Brahe）。由於超新星的位置相對於其他恆星並未逐日改變（也就是所謂的「視差」現象），天文學家被迫推論，它必定比月亮或其他行星更為遙遠。局勢變得十分令人費解——天空中突然出現一顆新天體，而我們卻搞不清楚它打從何處來。這個被稱為「新星」的出現令迪格斯得到一個結論：恆星與我們之間的距離不見得都相同；也許（雖然現今顯而易見）較亮的星離我們較近，較暗的

圖 3.1　三種宇宙模型

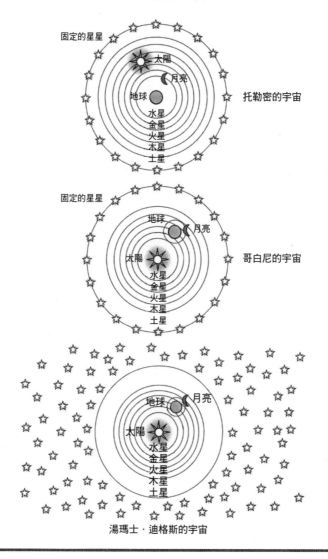

星較遠。（譯按：因此超新星亮度的變化便可解釋為，該星體與我
們之間的距離改變。）這在當時是一個革命性的想法。

　　當迪格斯看著無垠太空中數不盡的星星思索時，無可避免地想
到以下的重大問題：為什麼夜晚的天空是暗的？對他來說，這算不
上什麼悖論。他直接假設由於遙遠的星星過於昏暗，對於夜空的亮
度並沒有任何貢獻。

　　迪格斯並沒有考慮到某個至關重要的數學計算，該計算足以揭
露他對於黑暗夜空的錯誤推論，不過這一點的釐清已經是更後來的
事了。克卜勒在一六一〇年重新檢視這個問題，並認為夜晚之所以
變暗，是因為宇宙的大小有限。星星之間的黑暗區域其實是包圍著
宇宙的外圍幽暗空間。克卜勒之後一百年，另一位英國天文學家哈
雷再度思索這個問題，他得到的結論支持迪格斯的解答：宇宙無窮
大，但是遙遠的星體太暗，以至於我們看不到。

　　數年後，一位名為尚・菲利浦・迪薛索（Jean-Philippe de
Chéseaux）的瑞士天文學家指出，迪格斯和哈雷的論點對於解開這
個悖論毫無幫助。他透過簡潔的幾何計算證明：若以地球為中心，
將周遭的太空依不同半徑向外劃分為若干同心球殼，像一層層的洋
蔥直到無窮遠處，並且假設宇宙各處的星星亮度❷平均而言相去不
遠（我們當然知道這與真實狀況不盡相符，不過為了簡化問題，這
是個可接受的假設），那麼雖然位於最內層球殼的星星看起來最
亮，但由於較外層球殼面積較大，含有較多星星，總視覺亮度其實

---

❷原註：當我們考慮的範圍大過某個距離之後，自然會超出銀河系。這時我們所討
　論的就是星系的亮度，而非恆星。

與內側任何殼層相同。換句話說，為數較多但較遠較暗的星星所貢獻的亮度，與為數較少但較近較亮的星星一樣。看來我們又回到問題的原點，克卜勒的觀點似乎成為唯一的合理解釋：宇宙並非無窮大，否則夜晚的天空就不會是暗的。

下一位登場的人物是奧伯斯。在他一八二三年發表的一篇論文裡，夜空為何黑暗的問題再度被提出。他知道根據迪薛索的計算，距離造成星光變暗並非正解。他另行提出假說指出，太空中可能充滿星際塵與氣體，擋住來自遙遠星體（如今已知是星系）的光芒。不過他沒考慮到，如果時間夠長，這些物質會不斷吸收來自遠處的星光，它們會慢慢被加熱，到最後也會開始發光，而且亮度會與它們所遮住的星體（或星系）相同。

不論如何，當時幾乎沒有其他天文學家注意到奧伯斯提出的問題及解答，直到十九世紀末為止。我們可以原諒奧伯斯所犯的錯誤。各位讀者想想，當時天文學家不但不清楚宇宙的範圍有多大，他們手上甚至沒有明確的證據顯示恆星聚集成星系，而我們的銀河系只是廣大宇宙中數十億個星系之一。這種情況將會在二十世紀的頭十年改變，因為有一位科學家對時間與空間的本質提出嶄新的科學觀點。

不斷擴張的宇宙

愛因斯坦在一九一五年發表他偉大的研究成果，但不是他著名的方程式 $E=mc^2$，也不是為他帶來諾貝爾獎榮耀、關於光的本質研究。這個理論被稱為「廣義相對論」（General Theory of

Relativity），描述重力如何影響時間與空間。我們在中學時期學過牛頓的重力理論：重力是某種物體之間互相吸引卻不可見的力。這種敘述當然沒錯，我們的確生活在一個受地球重力主宰的世界裡，重力將我們拉向地球表面。牛頓的萬有引力定律也可以解釋月亮為什麼會繞著地球公轉，其引力如何影響地球的潮汐；它同時解釋地球如何繞太陽公轉，並且確認哥白尼以太陽為中心的太陽系模型。美國航空太空總署（NASA）的阿波羅計畫將太空人送上月球時，根據的就是牛頓萬有引力所做的預測。這個學說毫無疑問是正確的，但它並非完全精確。

愛因斯坦的廣義相對論用一種截然不同卻遠為精準的方式來描述重力。它指出，重力並不全然是一種普通的「力」，也就是說它不是一條將兩個物體拉近的隱形橡皮筋，而是一切帶有質量的物體周遭空間形狀的某種度量。寫到這裡，我相信除非讀者本身具有物理背景，否則這些解釋還是像天書一樣難以理解。不過別擔心，當愛因斯坦剛發表他的理論時，據說全世界只有另外兩位科學家能夠理解。時至今日，在經過各種實驗的嚴格測試之後，我們已經確認廣義相對論的正確性。

既然我們的宇宙是充滿物質的空間，而且所有物質基本上都受重力主宰，愛因斯坦及其他同僚馬上想到，也許廣義相對論可以用來描述整個宇宙的特性。然而，愛因斯坦隨即碰到一個棘手的難題。假設宇宙中所有星系在某個時刻相對於彼此是靜止的，而且如果宇宙的大小有限，引力將會使彼此逐漸靠近對方，最終導致整個宇宙的坍縮。當時普遍公認的宇宙觀認為，宇宙在星系的尺度以上是恆常不變的；一個隨著時間演變的動態宇宙，不但與主流想法脫

節，也顯得多餘。因此當愛因斯坦發現廣義相對論的方程式得出宇宙必將收縮的結論時，他決定設法補救這個漏洞，而非構思出另一個石破天驚的解答。他假設，為了平衡向內拉的引力，宇宙中必須有另一個作用方向相反的反重力，稱為宇宙斥力。這個宇宙斥力恰好能夠與各種物質之間的萬有引力達成平衡，使得星系不會彼此撞在一起，並且使得宇宙維持在恆定狀態。愛因斯坦想出的上述辦法說穿了是一種數學技巧，讓他的廣義相對論能妥協於「已知」的穩態宇宙模型。

接著，令人意想不到的進展出現了。一九二二年，一位俄國宇宙學家亞力山卓‧傅里德曼（Aleksandr Friedmann）想出不同的解答。有沒有可能愛因斯坦弄錯了，其實並沒有協助宇宙保持穩態平衡的反重力？他了解到，如果真的如此，宇宙並不見得會因重力作用而坍縮，其實也有可能在擴張。不過這怎麼可能呢？沒有宇宙斥力的話，宇宙不是應該要縮小而非擴張嗎？請看以下的說明。

設想某種原因（例如初始時期的爆發）讓宇宙一開始就處於擴張的狀態。物質之間互相吸引的重力會讓擴張減緩。因此，如果用來抵消引力的宇宙斥力不存在，宇宙又一開始就在擴張，現在的宇宙應該不是在擴張就是在收縮。唯一不可能出現的是穩態宇宙，也就是在擴張與收縮之間取得平衡；宇宙的狀態是不穩定的。

以下的範例足以說明為何如此。想想看光滑斜坡上的球是怎麼滾動的：如果將一顆球直接放到斜坡上，它必定會往下滾。然而，如果我們觀賞一段球在斜坡上滾動的影片，當球滾到斜坡中間時將影片暫停，然後請第三者預測影片恢復播放後球的滾動方向。如果他們經過仔細思考，就會回答球可能往斜坡上滾（對應於擴張中的

宇宙），也可能往下滾（收縮中的宇宙），但不會停在斜坡上靜止不動。要讓球往上滾的唯一辦法，當然要有人在一開始時踢它一腳。在這種情況下，球向上滾的速度會逐漸減慢，最終會停下來並開始往下滾。

沒有人打算相信傅里德曼的理論，包括愛因斯坦本人——直到發現觀測上的證據。幾年後證據就出現了。艾德溫・哈伯（Edwin Hubble）是第一位證明銀河系外還有其他星系存在的天文學家。在此之前，一般認為望遠鏡中所見許多一小抹的微弱光暈是銀河系內的星際塵埃，稱為星雲。透過強力望遠鏡，哈伯發現這些星雲根本離地球太遠，不可能是銀河系的一部分，因此他們本身必然就是其他星系。更引人注目的是，他的觀測顯示遙遠的星系正在遠離地球，而且遠離速率與距離地球的遠近相關。不論望遠鏡朝向天空的哪個方向，都能觀測到此一現象。他的發現證明了傅里德曼關於宇宙正在擴張的想法是正確的。

哈伯更進一步準確地指出，既然宇宙在擴張，那麼過去的宇宙必然較現在為小。如果將時間回溯到夠久以前，我們將會回到某個所有星系彼此重疊的時刻，當時的宇宙擁擠不堪。繼續回溯到更早的時間，所有物質將會愈靠愈近，直到我們回到宇宙創生的那一刻，也就是現今稱為「大霹靂」的宇宙大爆發。（天體物理學家佛列德・霍伊爾於一九五〇年代首度使用「大霹靂」一詞。）

在此必須特別說明，一般人常誤以為宇宙擴張是指所有其他星系都在遠離我們而去；這是錯誤觀念。真正擴張的其實是星系之間虛無的空間。另一件值得說明的有趣事實是，我們隔鄰的仙女座星系正朝著我們撞過來！根據目前所估計的宇宙擴張率，它應該以每

秒五十公里的速率遠離我們。反之它卻以每秒三百公里的速率接近我們！之所以產生這種矛盾，是因為星系在宇宙中並非均勻分布，就像星星不是均勻分布在星系中一樣。在哈伯所觀測到的現象裡，離我們而去的是極為遙遠的星系，而非我們所在的本星系群的組成星系。

　　銀河系與仙女座星系彼此接近的速率相當於兩分鐘內繞地球一圈，或是在一週內從地球航行到太陽的距離。事實上，這兩個星系正在進行碰撞的程序，按照目前的進行速度估計，兩個星系需要耗時數十億年才會完全疊在一起。

　　關於宇宙擴張要說明的最後一點是，宇宙擴張速率正在逐漸增加。似乎有某種比重力還強的作用力將星系彼此推開，使擴張逐漸加速，與預期中重力會使擴張減慢的結果大不相同。這似乎是來自某種神祕的反重力作用，由於尚未找到更恰當的名稱，我們暫且稱它為「暗能量」。愛因斯坦關於宇宙斥力的想法看來終究不算太瘋狂，只是它似乎正在將宇宙撕裂，而不是維持恆定。

　　現今的宇宙學家相信，儘管宇宙從一百四十億年前誕生到現在一直在擴張，但是由於它所包含物質的重力作用，前七十億年間擴張速率是逐漸減慢的。後七十億年之中，由於星系分布過於稀疏，使得引力的效應轉弱。此時暗能量開始取得優勢，導致空間擴張愈來愈快。這意謂宇宙永遠不會再度坍縮，也就是宇宙不會毀於「大崩墜」（直到一九九八年發現宇宙加速擴張之前，大崩墜被認為是宇宙可能的最終命運之一）；相反地，所有物質因為遠離彼此而永遠被孤立，導致宇宙終將死於「熱寂」（heat death）。這個想法令人意志消沉；不過，我們的壽命不會長到需要去煩惱這些問題。

大霹靂的證實

　　了解宇宙正在擴張的事實已經足以讓我們解決奧伯斯悖論，不過我想更進一步，證明宇宙的擴張必然是大霹靂造成的。除了空間擴張這個無可否認的證據之外，大霹靂理論還受到另外兩個關鍵證據的支持。第一個證據是宇宙中各種不同化學元素的相對比例，又稱為「元素豐度」（elemental abundances）。現存的元素中，最輕的兩種元素「氫」與「氦」占了極高的比例，僅有極少量物質是由較重的其他元素（包括氧、鐵、氮、碳等等）所組成。這個現象唯一合理的解釋，乃是宇宙最初是處於炎熱而高密度的環境，並在隨後的擴張過程中迅速冷卻下來。

　　遠早於各種恆星與星系形成之前，在大霹靂的那一刻，宇宙裡所有物質全都壓縮在一起，沒有任何空洞之處。大霹靂發生之後，次原子粒子幾乎立刻（在一秒之內）開始形成，當宇宙擴張並冷卻下來之後，這些粒子才開始結合成原子核。要形成較重的原子核，溫度與壓力條件必須要恰到好處才行。溫度如果太高，這些原子核將受到高速粒子及輻射的撞擊而支離破碎，無法完整而穩定存在。反之，一旦宇宙稍微多擴張了些，導致溫度與壓力下降太多，氫與氦原子便無法融合成較重的元素。這也就是為什麼早期宇宙形成的元素大多是氫和氦，而且這個過程在大霹靂後數分鐘便已發生。幾乎所有其他元素都得等到恆星形成之後，才會在恆星內部製造出來，那裡正好提供了熱核融合反應所需的溫度與壓力，能將較輕的原子核壓縮融合成較重的原子核。

　　也因此，大霹靂論成為唯一能讓氫與氦元素比例預測值符合實

際觀測值的理論。

　　跟宇宙擴張一樣,另一個支持大霹靂的證據也是在實際觀測發現之前,就已經被理論預測出來。我們現在已經知道,太空中傳播的大部分光子並非來自星星,而是遠在恆星或星系形成之前就已存在、充斥於宇宙間的遠古之光。大霹靂發生後不到一百萬年,第一批原子終於形成(譯按:完整的「原子」是由「原子核」捕捉「電子」形成的),從此太空開始變得透明起來,因為光與輻射能夠長距離自由傳播,不被其他粒子散射或吸收。這些宇宙的第一道曙光在傳播至今的過程中,隨著它所穿越的空間不斷擴張,其波長也不斷拉長。計算結果顯示,這些光線穿越時空來到現在的地球時,波長已經膨脹到超過可見光的範圍。事實上,這些光落在微波的頻譜上,也因此被稱為「宇宙微波背景輻射」(cosmic microwave radiation)。

　　這種瀰漫於整個宇宙的輻射,能被無線電波望遠鏡接收,成為來自宇宙深處的微弱信號。一九六〇年代人類首次偵測到這種信號,隨著儀器靈敏度不斷增加,這些信號一再被接收到。不可思議的是,透過收音機與電視天線,我們也可以聽到這些來自宇宙深處微波的嘶嘶聲。

　　我們的宇宙有個起源已經無庸置疑。三個有力的證據包括:宇宙背景輻射(大霹靂的餘暉,正好落在預測的波長上);元素的相對比例;以及透過望遠鏡清晰可見的宇宙擴張。這三個證據都指向宇宙創生的那一刻。

　　接下來,奧伯斯悖論的解答終於要拍板定案了。

最終解答

　　我們來稍作複習。夜空之所以黑暗並非因為宇宙的大小有限；就我們所知，它可能無限延伸。也不是因為遙遠的星光過於昏暗；我們看得越遠，就能看到愈多的星系，累積起來的光芒足以照亮夜空中所見的銀河系內恆星之間的暗處。更不是因為星際塵埃與氣體擋住了來自宇宙最深處的光線；只要時間夠久，這些擋路的物質便會吸收足夠多被阻擋下來的能量而開始發光。這些都不是讓夜空黑暗的理由。真正的原因其實比上述各種猜想更簡單，也更深刻。夜空之所以幽暗，是因為宇宙是有起源的。

　　光以每小時超過十億公里的速率傳播，相當於每秒鐘繞著地球走七圈半。這個速率同時也是宇宙的速限，沒有任何東西可以傳遞得比光速還快。這並非由於光本身有任何特殊之處，而是因為這個速限其實是時空結構的一部分。光本身不具質量，使它得以用宇宙所容許的極速傳播。愛因斯坦一九〇五年提出的第一版相對論，也就是狹義相對論（未來的章節裡我們將再度與它邂逅）裡，已經將這個現象美妙地呈現出來——或許有些讀者已經知道，沒錯，就是這個理論導出著名的 $E=mc^2$ 關係式。

　　然而，跟宇宙尺度相比，光速就沒那麼驚天動地了。我們與銀河系內其他恆星之間的距離，已經大到光得耗時數年才能從最近的恆星抵達地球，遑論星系之間的距離了。

　　正是光速的有限性讓我們得以解開奧伯斯悖論的矛盾。由於宇宙年齡將近有一百四十億歲，只有離我們夠近的星系，光線才會到達地球被我們看到。宇宙擴張則讓整件事變得更複雜。當我們認為

某個星系在一百億光年之外，意指它所發出的光穿越了一百億年的時空才來到我們這裡。在這段期間內，由於該星系與我們之間的距離已經被拉長，真正的距離早已經變成這個數字的好幾倍。兩百億光年外的另一個星系則不在我們的觀測範圍內，它發出的光仍在前來地球途中，我們目前還看不到，無法為夜空增添任何亮度。我們在太空中最遠只能看到宇宙年齡所允許的範圍。

　　我們所見的星空其實只是整個宇宙的一小部分，稱之為「可見宇宙」。即使透過最強大的望遠鏡，我們也無法看得比上述太空中的「視界」更遠，因為它同時也是時間上的視界。我們眺望得愈遠，看到的是愈早的時間點，也就是光源在數十億年前發射出來的光線；我們看見的是「當時」的影像，而非「目前」的模樣。對地球上的觀測者而言，可見宇宙的邊緣同時也是宇宙最早的一刻。以下釐清最後一個關於宇宙擴張的微妙之處：即使換成一個一百四十億年前突然出現的穩態（不擴張的）宇宙，我們依舊無法觀測到一百四十億光年以外的太空。阻止我們看到無窮遠的並非宇宙擴張本身。在穩態宇宙裡，只要等得夠久，來自更遙遠星系的光線終究還是會到達我們這裡。但在真實的擴張宇宙裡，我們之所以無法看到無窮遠，是因為在可見宇宙的邊緣之外，光速永遠無法超越宇宙擴張的速度，就像沿著上行的電扶梯向下走，卻不夠快一樣；宇宙視界以外的光線永遠無法到達我們這裡。

　　上一章我曾提到，為了解開季諾悖論的矛盾，我們需要藉助嚴格的科學方法，不能只依賴抽象的邏輯。不過奧伯斯悖論第一個正確解答的出現，卻是透過直觀的邏輯推理而非科學，而且還是出自於最出乎意料的人之手：十九世紀美國作家與詩人艾嘉・愛倫・坡

（Edgar Allan Poe）。

在他四十歲過世的前一年，愛倫坡出版了一本公認最重要且最具影響力的著作，題為《我得之矣：一首散文詩》（*Eureka: A Prose Poem*）的評論集。這本書改編自他發表的一場演講內容，副標題為「關於物質與精神世界的隨筆」，是一部非凡的作品。它並不是一部真正的科學著作，而是愛倫坡對於自然定律的直觀想法。它可說是愛倫坡猜想宇宙如何開始、演化與終結的宇宙學論述。他在書中運用的是邏輯推理與大膽猜測，而非具有明確科學根據的構想。例如，他自創關於牛頓萬有定律如何解釋行星形成與自轉的理論，但並不正確。然而，在他的論述中卻埋藏著以下著名的片段：

假設星星綿延不絕直到無窮遠處，那麼天空的背景會呈現均勻的亮光，就像銀河一樣——整個背景完全沒有任何一點不被星星填滿。但是透過望眼鏡，我們卻在四面八方的夜空發現幽暗與虛空。在這種情況下，唯一能讓我們理解這些虛空的方法，乃是假設不可見的背景深不可測，以至於尚未有任何來自該處的光線能抵達我們這裡。

答案就是它了。第一個正確解決奧伯斯悖論的不是科學家，而是詩人。有歷史學家辯稱，愛倫坡的論述不過個臆測，應該等到十九世紀最偉大科學家之一的克耳文爵士（Lord Kelvin）在一九〇一年發表完整的計算結果，這個悖論才算真正獲得解決。不過克耳文基本上只是提供愛倫坡構想的數學證明罷了。不論我們願不願意接受，愛倫坡的確答對了。

　　所以，該怎麼回答我們一開始的問題：「為何入夜之後天色會變暗？」答案是，因為宇宙源起於大霹靂。

關於最終解答以及大霹靂的證實

　　科學家們常被問起，有哪些證據可以證明大霹靂確實發生過。他們通常會引用前述的三個證據作為標準答案。在我看來，把奧伯斯悖論反過來作為答案豈不是簡單多了，而且更具說服力？相較於原來的說法「入夜後天色會變暗是因為宇宙必然有個起源，在某個距離以外的光還沒有足夠的時間傳遞到我們這裡」，為什麼不把論證的方式顛倒過來呢？如果有誰想知道大霹靂如何證實，只要在夜間走出戶外，仔細思索天空為何幽暗即可。

　　真正令人難以參透的，應該是天文學家竟然花了這麼久的時間才參透答案吧。

4 馬克士威的精靈

永動機是可行的嗎？

如果讀者巧遇一群物理學家，並且請教他們個人認為科學史上最重要的概念是什麼，你可能預期會得到各式各樣的答案：諸如原子論、達爾文演化論、DNA 結構、或是宇宙起源於大霹靂等。不過事實上，他們很可能不約而同選擇熱力學第二定律。本章將探討這個重要的科學概念，以及一個在過去百年來不斷挑戰它，甚至差點推翻它的悖論。

馬克士威的精靈悖論是個簡單的構想，卻讓許多偉大的科學頭腦絞盡腦汁，甚至還開創出嶄新的研究領域。這全都是因為它挑戰了自然界至高無上的定律——熱力學第二定律。這個定律僅僅簡單規範了熱與能量如何傳遞與運用，影響卻極為深遠。

根據熱力學第二定律，如果將一隻冷凍的雞放到熱水瓶上，那麼你預料雞將開始解凍，熱水瓶同時開始降溫。（這是我向家人解釋此一定律時，他們想到的例子。）讀者絕不會觀察到熱能往反方向傳遞，使熱水瓶變得更熱，雞變得更冰。熱能必定從高溫處往低溫處流動，永遠不會跑錯邊，而且在達到熱平衡、溫差降為零之前，都不會停止。你也許會認為，這沒有什麼值得爭議的。

我們接下來探討馬克士威精靈的問題。原始構想概述如下：想

像一個絕熱的盒子，裡面只有空氣，中間被一道絕熱的厚隔板隔成兩半。隔板上有一道活門，當一個空氣分子從任一側接近時會迅速開閉，讓分子通過隔板進入另一側。箱子兩側的氣壓會維持相等，因為假使任何一邊的壓力升高，碰到活門進入另一側的空氣分子就會增多，使兩側壓力恢復平衡。

這個過程會持續進行，箱子兩邊不會產生溫度差。為了解讀以上的敘述，我必須解釋「溫度」這個概念在分子上是如何定義的。基本上，當分子碰來撞去的速度愈快，氣體的溫度就愈高。所有氣體（包括空氣）都含有數以億計的分子，這些分子以不同的速度與方向隨意移動，有快有慢，不過它們的平均速度卻依溫度而定。盒子裡通過活門的分子，有些移動速度較快，有些較慢。平均而言，進入兩側的快速分子（或慢速分子）數目應該相同，因此箱子的兩邊不會產生溫度差。假使讀者認為通過活門的快速分子可能會比慢速分子來得多，你的想法並沒有錯，但是從右至左與從左至右的快速分子一樣多，所以結論並未改變。

如果到目前為止各位讀者都跟得上，那麼我準備釋放精靈了。

馬克士威的精靈是一種假想的微小生物，擁有絕佳的視力，能分辨單獨的空氣分子及其運動速度。接下來我們讓精靈來控制活門的開關，而非任其自行啟閉。雖然它允許同樣數目的分子通過活門，但這裡還需要考慮一個額外因素：精靈的知識——它只允許快速分子從左側隔室通過活門進入右側，慢速分子由右側進入左側。在這位精靈出現後，與原本活門隨機開關的情形相比，似乎不需要額外的努力或消耗額外的能量，就能產生截然不同的結果。

這點很難令人不與第一章所探討的蒙提霍爾悖論相提並論，其

圖 4.1 充滿空氣的馬克士威盒子

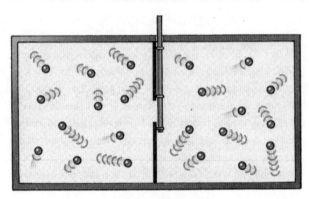

（a）空氣分子接近活門之前

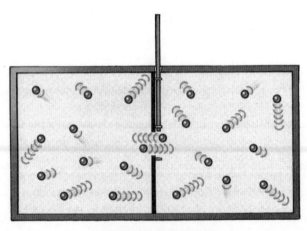

（b）空氣分子接近活門之後

中電視遊戲節目主持人的先備知識也扮演類似角色。不過請別掉入陷阱裡。主持人預先知道大獎藏在哪個門後，只會改變我們推算機率的方式，僅止於此。而馬克士威的精靈所具備的知識不但扮演一個遠比前者重要的角色，我們稍後還會明瞭，這些知識甚至是整個物理程序當中的關鍵。為了破解這個悖論，我們將需要詳述這些物理程序。

隨著精靈負責掌控活門的開閉，盒子右側隔室的快速分子逐漸增加，氣體溫度也逐漸升高；左側隔室不斷累積慢速分子，所以溫度下降。看來僅僅運用這個精靈具備的知識便能在盒子左右隔室之間建立溫度差。這個現象違反了熱力學第二定律。

光憑著這些，馬克士威的精靈就逆轉了一個原本受熱力學第二定律支配的程序。這怎麼可能呢？許多偉大的科學金頭腦前後總共耗時超過一世紀與這個悖論搏鬥。讀者們即將獲悉我們是怎麼解決它的──畢竟與本書中其他表觀悖論一樣，它是能被破解的，熱力學第二定律因而得救。

這個主題之所以一直如此引人入勝，是因為它與永動機有關。永動機是一種看似不需消耗能量就能不斷對外作功的裝置。假使馬克士威的精靈能違反第二定律，就有可能建立一個功能相同的機械裝置。本章稍後將檢視幾種這類的裝置。現階段我暫且不想耗費太多篇幅說服讀者：永動機是不可行的。

鬆掉的發條，洗均勻的牌，與漸增的亂度

熱力學總共有四條定律，全都關於熱與能量之間彼此如何轉

圖 4.2　馬克士威的精靈

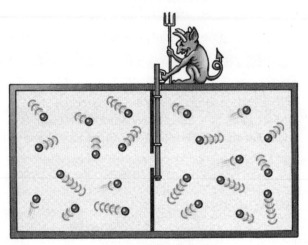

（a）空氣分子接近活門之前

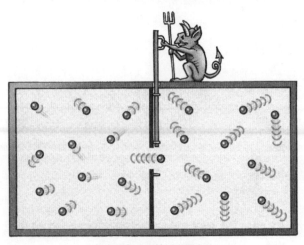

（b）空氣分子接近活門之後

換，但四條定律之中沒有任何一條的重要性比得上第二定律。想到這個物理學裡最重要的定律之一竟然連熱力學定律的第一條都排不上，總令我不禁莞爾。

熱力學第一定律直截了當地指出，能量可以在不同形態間互相轉換，但是不能憑空產生或消滅。比較學術的講法是：一個系統的內能變化，等於系統吸收的熱能減掉系統對外所作的功；意謂「所有系統只要作功，就需要消耗能量」，例如汽車行駛需要燃料，電腦運作需要電力，我們光是活著就需要熱量，所以必須攝取食物等。以上範例說明，為了使系統能夠輸出所謂「有用的功」，我們必須對該系統輸入各種不同型態的能量。「有用的」一詞在此之所以重要，是因為我們承認某些型態的能量確實無法加以利用，例如摩擦產生的熱，或引擎產生的噪音等等，只能散逸到系統以外的周遭環境中。第一定律由此為更重要的第二定律奠定基礎。第二定律表明，一切物品都會逐漸耗損、冷卻、鬆弛、衰老與退化。它解釋為何糖會在熱水中溶解，而非凝結成塊；它也解釋玻璃杯裡的冰塊為什麼總是無可避免地融化，因為熱量一定是由較溫暖的水傳遞到較冷的冰塊，絕不會顛倒過來。

然而，為什麼理應如此？如果從原子或分子個體之間的碰撞與交互作用的觀點來觀察這個世界，我們將無法分辨時間究竟往哪個方向流逝（我的意思是說，我們如果像看電影一樣觀察微觀物理程序的進行，將無法分辨影片是順轉或倒帶）。在原子尺度下，所有物理程序都是可逆的。假使一個微中子與一個中子產生反應，在原處會產生一個質子與一個電子飛散開來。而當一個質子與一個電子撞在一起，也會反之產生一個中子與一個微中子飛散開來。這兩種

反應都被物理定律所允許，看起來就像時間往前或倒著走。

　　我們在日常生活中要判斷時間走向易如反掌，但微觀世界卻與日常生活所發生的事件大相逕庭。比方說，讀者永遠不會觀察到煙囪上方的煙往煙囪出口收攏，然後井然有序地往下被吸入煙囪裡。同樣地，讀者也無法將溶解在一杯咖啡裡的糖「逆攪動」回一顆方糖，而且永遠不會看到火爐裡的灰燼「逆燃燒」變回木材。但所有物質都是由原子構成的，究竟是什麼使得上述這些日常事件有別於原子尺度下的物理程序呢？我們周遭所發生的現象，為什麼大多無法逆向進行？從原子到煙囪上的煙、咖啡以及木材，物理程序究竟在哪個階段開始變得不可逆？

　　仔細檢驗的話，我們會發現上述的程序並非絕對不可逆，而是逆向發生的可能性極低。在物理定律的規範下，透過攪拌將已溶解的糖「逆溶解」回方糖是完全有可能發生的。但假若真的出現這樣的現象，我們會懷疑它是某種變魔術的把戲──這麼想的確也沒錯，因為發生的機率低到足以被忽略。

　　為了讓讀者更透徹地了解第二定律，我必須介紹一個叫做「熵」的物理量。這個物理量將在本章扮演吃重的腳色。不過我得在此先警告大家，不論我努力將這個概念解釋得多麼仔細，你或許仍會覺得它難以理解。

　　熵是一個相當刁鑽的概念，不容易定義，它所代表的意義會依我們陳述的狀況而定。以下舉幾個例子來說明。熵的其中一種定義是，它衡量一個系統的混亂程度，描述一個系統有多麼混雜。一副沒洗過的撲克牌，如果每個花色都分門別類，並且依照由小到大的順序（二、三、四……到傑克、皇后、國王、王牌）排列，其熵值

最低。如果稍微洗一下牌破壞原來的順序，這副牌的熵就升高了。
接著我們可以問：如果繼續洗牌，這副牌的順序會發生什麼變化？
答案顯而易見：牌序更亂的可能性完全壓過恢復原本順序的機率。
因此，繼續洗牌，熵就會不斷升高。當各種牌完全混雜在一起之
後，熵也達到最大值，進一步洗牌已經無法使牌更混雜。洗牌前的
牌序是獨一無二的，但是牌序混雜的方式卻多到不可勝數，因此洗
牌將使牌序壓倒性地往一個方向發展：從有序變成混雜，也就是從
低熵值演變成高熵值。這跟半溶方糖的不可逆性是同一回事，攪拌
將會使糖進一步溶解。

圖 4.3　熵即是亂度

左圖的五張牌依照大小順序排列，該狀態的熵值比右圖的牌來得低。

　　我們發現，熱力學第二定律具有統計性的本質，不管物理世界
任何特定的性質為何。低熵值態演變為高熵值態的機率完全壓過逆
向進行的可能性。

　　為了給讀者一些相關的機率概念，假設你拿到一副徹底洗過的牌，再度洗牌之後，這副牌出現完全依花色及大小排列的機率，將不只和中一兩次全國樂透頭彩的機率一樣低，而是像連中九次一樣這麼低！

　　除此之外，熵也可以衡量一個系統將能量用來作功的能力。在此定義下，將能量轉換作功的能力愈強，該系統就處於熵值越低的狀態。舉例而言，充飽電的電池熵值最低，而熵在放電的過程中不斷升高。發條玩具上緊時熵值很低，隨著發條愈來愈鬆，熵也愈來愈高。發條完全鬆掉之後，我們可以耗費自身的能量將發條上緊，使它的熵降回原來的低水平。

　　熱力學第二定律基本上是一個關於熵的陳述：一個系統的熵只會增加而不會減少，除非從外界輸入額外的能量。在發條玩具的例子裡，上緊發條降低它的熵並未違反第二定律，因為上發條時系統本身（發條玩具）與環境（我們）不再彼此隔絕。玩具的熵雖然減少，但由於我們對它「作功」把發條上緊，我們自身增加的熵比玩具減少的還多。整體而言，玩具加上我們的總熵還是增加的。

　　第二定律也因此決定時間流逝的方向。你也許認為這只是個無聊的陳述：時間本來就該從過去到未來。然而，「從過去到未來」不過是我們描述現象的一種方式罷了。為了得到更科學化的定義，可以設想一個不具生命的宇宙，以免我們透過主觀來認定過去（記憶中已經發生過的）與未來（不在記憶中、尚未發生的）。結果顯示，「時間往熵增加的方向流逝」是一種更有意義且符合實際狀況的說法。藉由物理程序來定義時間的走向，我們已經將腦海中的主觀意識與自我從事件中抽離。這個定義不僅適用於孤立系統，也適

用於整個宇宙。讀者可以想見，假如一個孤立系統的熵減少，你將得到時間必然已經逆轉的結論——這點光想到就覺得很詭異（至少在本章是如此）！

以下是英國天文學家亞瑟‧愛丁頓（Arthur Eddington）評論第二定律的重要性：

> 我認為，「熵必然會增加」的定律，亦即熱力學第二定律，在自然界定律中擁有至高無上的地位。如果你提出的理論違反第二定律，那麼我只能說你沒指望了；它唯一的下場就是在徹底的羞辱中灰飛煙滅。

我們有時候會遇到熵看起來好像減少的情形。例如：各式各樣精巧的金屬小元件組合成手錶這個高度精密有序的系統。這是否違反第二定律呢？並沒有，這個例子其實只是複雜版的發條玩具罷了。鐘錶匠得費很大的勁製作手錶，使得他自己的熵增加了些。除此之外，將礦石冶煉成金屬，再加工製作成所需元件的過程也產生許多廢能，這些廢能比造出一隻手錶所降低的少量熵還高出許多。

這說明了馬克士威的精靈為什麼會帶給我們如此大的困惑。這個精靈透過空氣分子的重新分類將盒裡的熵降低，類似鐘錶匠製造手錶帶來的效果，但卻不用親手移動這些分子。一般來說，當一個系統的熵減少，我們會發現該系統其實並未完全與環境隔絕。當我們將眼光拉遠，把環境也考慮進來之後，就會發現總體而言熵是增加的。地球上發生的許多現象，可視為我們居住的行星表面熵降低的過程，從生命演化到建造結構複雜的建築都屬於此類。所有物品

的熵，包括汽車、貓、電腦甚至甘藍菜，都比構成它們的原始素材來得低。儘管如此，第二定律卻從未被推翻。別忘了，即便行星本身也未完全與環境隔絕。地球上絕大部分生命（以及所有低熵結構體）之所以存在，全都是因為有陽光。當我們考慮地球加上太陽的綜合系統時，系統整體的熵是增加的，因為太陽不斷釋放輻射到太空中（其中只有一小部分被地球吸收），它本身增加的熵遠比地球減少的還多。在地球上，太陽的能量支持各種生命現象以及其他各種低熵的複雜結構。例如，一顆甘藍菜透過光合作用吸收太陽光能而生長，高度有序的組成細胞不斷增生，熵也不斷降低。

　　讀者可以想見，過去這些年來科學家屢屢受到推翻第二定律這個挑戰所吸引，構思出看似達成目標的情境。在這些人當中，最值得注意的是十九世紀蘇格蘭數學物理學家詹姆士·克拉克·馬克士威（James Clerk Maxwell），他以發現光即是電磁波而聞名於世。在一八六七年所發表的一場演講裡，他提出這個著名的假想實驗：一個虛擬的精靈身負推翻熱力學第二定律的重任，把守盒子裡兩個隔室之間的活門。它控制活門的方式就像一個閥，只允許高速的「熱」氣體分子單向通過，慢速的「冷」氣體分子只能反向通過。它藉此將空氣分子分類，使一邊的隔室變熱，另一邊的隔室變冷。這個現象徹底違反熱力學第二定律，因為假使活門像稍早討論的那樣完全隨機開閉，精靈看來不用消耗額外的能量就能開關活門，達成目的；由於空氣分子依照速度快慢被分配到兩邊，盒內整體的熵降低了。

單向閥

這個悖論該怎麼解決呢？馬克士威的精靈是否能降低盒中氣體的熵？如果真的可以，我們該怎麼挽救第二定律？先讓我用物理學家的方式來處理這個問題——將問題中與論證無關的點全部移開。在這個悖論裡，讓我們將精靈換成同樣功能的機械裝置。接著我們可以問，是否有任何機械作用能勝任精靈的角色？就某些方面而言，精靈的作用的確像一個單向閥。因此我們可以探討，使用單向閥是否能使盒子兩側隔室產生溫度上的不平衡，造成熵降低，進而造就「汲取」能量的方法。在仔細檢驗這個構想之前，其可能性就已經有點啟人疑竇。畢竟如果真的可行，世界上的能源問題早就解決了。就這一點來看，可行性看起來已經相當渺茫。

我們怎麼如此確定單向閥無法從平衡態中汲取能量？也許第二定律並沒有這麼神聖不可侵犯。以前大家也都相信牛頓萬有引力定律是正確的，直到愛因斯坦出現，提出本質上完全不同但更精確的廣義相對論。熱力學第二定律是否有可能存在一些細微的漏洞，等待一個夠聰明、有勇氣與想像力的科學頭腦來發掘，並用一個更好的理論取而代之？

不幸的是，答案是否定的。萬有引力定律是牛頓發現的一條數學方程式，用來描述他觀察到的自然現象，也就是物體彼此之間的引力與其質量及兩者之間的距離相關。愛因斯坦所做的，是指出這條方程式並沒有錯，但只是接近的描述；還有更深刻的方式可以描述重力，也就是時空的曲率。不過，這個新理論運用的數學相對深奧得多。

　　熱力學第二定律的情況則不同。雖然這條定律一樣來自實驗觀測，卻能透過純統計學與邏輯來理解。如今，這個理論已經建立在比任何觀測更精確也更穩固的基礎上。事實上，愛因斯坦曾經寫道：「我相信，它是廣泛應用到各領域的物理理論當中，唯一不會被推翻的。」

　　我們來建立一個簡化版的馬克士威精靈，看看會發生什麼事。如果讀者接受，當盒子左右隔室之間緩慢自發地產生任何形式的「不平衡」時，都會造成熵的減少，那麼你就能同意把悖論中原本的溫差換成壓力差。我們也能利用壓力差來作功（稍後有實際範例），與左右隔室壓力平衡的狀態相比，此狀態也具有較低的熵。這麼一來，我們所面對的不平衡態變成一側隔室的分子數目比另一側來得多，而非一側是高速分子、另一側是低速分子。在分子尺度下，壓力的大小定義為撞擊隔室牆壁的分子其數目多寡。

　　為了了解如何利用壓力不平衡來作功，設想將盒子裡的隔板打開之後的狀況。當盒子一側的空氣壓力較高時，隔板打開後這些高壓空氣將會衝向另一側，使盒子裡的壓力達到平衡，同時伴隨著熵的增加。這種因壓力差引起的氣流可用來作功，比如推動風力渦輪產生些許的電力。因此，建立這種壓力差顯然與儲存能量的效果類似，就像將發條玩具上緊，或是將電池充電。如果這個程序自發產生，將違背熱力學第二定律。

　　挑戰第二定律最簡單的一種單向閥，是裝在隔板上僅能單向開啟的彈簧門，當來自左側的空氣分子撞上它時便打開，分子通過後迅速關上。來自右側的分子撞上它只會使它關得更緊。不幸的是，這種裝置甚至無法開始運作，因為一旦兩個隔室之間出現些微壓力

差，左側分子撞擊彈簧門時產生的壓力將無法抵抗右側分子保持門關閉的壓力。

現階段讀者也許認為，這個裝置只有在右側隔室（也就是空氣分子試圖將門壓住，使門保持關閉的那一側）的壓力增大到左側快速分子無法擠過閥門時才會失效。至少隨著頭幾個快速分子通過閥門，並在隔板兩側建立些許的壓力差，自發不平衡的程序便能開始。即便這樣也已經違反了第二定律。將右側隔室小小的壓力差釋放出來推動風力渦輪，可以產生微弱的電力。如果這個程序持續反覆進行，產生愈來愈多電力，可以想見結果將讓我們陷入更深的困境中。我們需要知道為什麼根本不可能建立壓力差，否則第二定律就有麻煩了。

到目前為止，我們一直假設單一氣體分子可以撞開由數以億計的分子構成的閥門，不論閥門的材質為何。實際上，當我們把尺度放大到分子大小時，對閥門亦當如此。在這個尺度下，閥門的分子也會或快或慢地隨機震動。當一個高速空氣分子從左側隔室撞擊閥門使其打開時，會將部分能量移轉給閥門分子，使它們震動更加劇烈，過程中導致閥門隨機開閉，其程度恰好允許一個空氣分子逆向通過。當然，空氣分子在這個機制下或許不是剛好一對一交換，不過由於來自左右兩側大量的空氣分子不斷撞擊，閥門在分子尺度上持續震動，永遠不會只允許空氣單向通過。

如果左右隔室之間建立的是溫度差而不是壓力差，以上論點也一樣適用。熱能基本上就是分子的震動，可藉由分子間的碰撞來傳遞。這個現象除了發生在空氣分子，也會發生在閘門分子上。當左側的一個高速分子撞擊閥門並開啟它的同時，也將自身的部分能

量移轉到閥門分子上，使其震動更劇烈。這種震動的能量（亦即熱能）會重新移轉給左側隔室的空氣分子。因此，高速分子的部分能量再度回到它原來的隔室。至於帶入右側隔室的多餘能量，最終還是在空氣分子不斷從右側撞擊活門之下移轉給閥門分子，再傳導回左側隔室。結果，左右兩側隔室剩下的高速分子還是一樣多。

我們學到的教訓是：只對隔板某一側空氣分子有反應的單向閥或活門，本身並無法獨立於能量傳導程序之外。如果它敏銳到足以對單一分子產生反應，那麼它同時也會被這些分子所影響，無法成為兩個隔室之間的隔熱體。

可是精靈比較聰明……

我想向讀者介紹一位名叫李歐‧齊拉德（Leo Szilárd）的匈牙利科學家兼發明家。在一九二八年到一九三二年這段創造力的顛峰期，齊拉德發明了史上最重要的幾部機器，儘管當時他才三十出頭。這些機器目前仍用於科學研究上，它們分別是：一九二八年發明的線性粒子加速器（linear particle accelerator），一九三一年的電子顯微鏡（electron microscope），以及一九三二年的迴旋粒子加速器（cyclotron）。不可思議的是，在所有三個例子中，他根本懶得發表他的發明、為他的構想申請專利、甚至建造機器的原型。這三項發明都是後人根據齊拉德的研究成果繼續發展出來的。其中兩項為其他物理學家贏得了諾貝爾獎，得主分別是：美國的恩尼司特‧勞倫斯（Ernest Lawrence）因發展迴旋粒子加速器得獎；德國的恩斯特‧魯斯卡（Ernst Ruska）因首度建造出電子顯微鏡而獲獎。

　　西元一九二九年，正值創造力巔峰的齊拉德發表了一篇至關重要的論文，引起一陣騷動。論文題目是〈關於熱力學系統中因為智慧生物介入所造成的熵降低〉（*On the Reduction of Entropy in a Thermodynamic System by the Interference of an Intelligent Being*），文中提出另一個版本的馬克士威精靈，日後被稱為「齊拉德引擎」。他的版本不只觸及這個悖論最核心的物理程序，他另外還指出，正是因為精靈具備智慧以及分子狀態的相關知識，才使得結果大為不同，而這正是馬克士威所擔心的。這個悖論無法透過機械裝置來解決，不論設計多麼靈巧。

　　容我重述一下這個悖論。不論單向閥或活門的運作多麼靈巧，隨機亂撞的空氣分子要在不藉助外力的情況下，在兩個隔室之間自發地產生溫度或壓力的不平衡，其實並不可行。要達到這個目的，一定需要藉助某種外來的助力。值得注意的是，看來這種助力可以僅以簡單的資訊形式出現。

　　我們似乎又回到問題的原點，試圖將抽象概念如資訊、甚至智慧生物存在的必要性，融合到物理定律不具意識的統計世界中。我們是否終究得被迫承認，熱力學第二定律只有在無生命的宇宙中才會成立？或是生命體具有某些不屬於物理學範疇的神奇元素？恰恰相反，齊拉德提供的解答巧妙地確認了第二定律的普適性以及熵遞增的概念。

　　設想盒子裡有一百顆空氣分子，每一側隔室各有隨機選出的五十個，而且快速（或慢速）分子一樣多，因此兩側空氣的平均溫度相等。（真實狀況下將有數以億計的分子，在此暫且先把問題簡化。）精靈小心翼翼地控制活門的開閉，讓二十五個較快的分子

進入一側隔室，讓二十五個較慢的分子進入另一側。這個過程需要開關活門五十次。讀者也許認為精靈消耗在開關活門的能量就是降低盒子的熵所付出的代價，不論消耗的能量有多小。這些來自系統外部的能量等同於將玩具發條上緊的效果，也就是從外界某處作功（並導致其熵增加），來降低該系統的熵。然而，假使精靈沒有分子狀態的資訊（也就是它無法分辨快速與慢速分子），只是隨機開關活門五十次，讓左側隔室的半數分子進入右側，右側隔室的半數分子進入左側，那麼平均而言兩側的溫度將維持不變，因為由左至右的快速或慢速分子將會與由右至左的一樣多。在沒有資訊，或是有資訊但選擇不予採用的情況下，盒子的熵將不會減少，精靈卻仍然消耗一樣多能量在活門的五十次開關上。很顯然，開關活門所耗的能量未必與將分子按照速度分類的程序有關。

齊拉德的真知灼見在於，他指出資訊在這個悖論情境裡所扮演的角色。他的論點是，精靈必定將能量消耗在測量分子速度這個動作上，而非控制活門的開關。要獲得資訊必然得付出能量，精靈在腦海裡將資訊組織起來的過程便會消耗能量。從最根本的角度來看，資訊其實不過是大腦或電腦記憶庫的某種有序狀態，亦即某種低熵態。當我們擁有愈多資訊，我們的大腦就更結構化與組織化，熵也就愈低。

這個保有資訊的低熵狀態賦予我們作功的能力。資訊就像儲存電能的電池，可用來降低別處的熵。

馬克士威精靈的效率當然不可能達到百分之百。它需要消耗能量以便取得所有分子位置與狀態（即溫度）的資訊。它或許需要花費更多能量以利用這些資訊將不同速度的分子分開。精靈在一開始

消耗能量獲得資訊，已經使外界環境的熵升高，進一步地消耗能量將使熵增加更多。

總而言之，我們可以將一部電腦（或大腦）想成一台可以接受低熵能量的機器，例如電力（或食物），然後將這些能量轉換成資訊。這些資訊可以用於（或轉移到）某個物理系統降低它的熵，例如將系統組織化等，使它具備作功的能力，這與發電機產生的廢熱與噪音等毫無用處的高熵能量截然相反。由於過程中沒有任何一個步驟的效率是百分之百，總有一些熱能在過程中散失。周遭環境的熵之所以增加，一方面是因為提供能量給精靈使其獲取資訊，另一方面是因為上述熵在過程中所散逸的廢熱，使環境的熵進一步升高。環境增加的熵總和起來還是超過資訊處理之後系統減少的熵。因此，第二定律得救了。

「隨機」究竟是什麼意思？

我們接著要更仔細地檢視第二定律，以及關於有序與無序的課題，因為我們還沒找出熵最根本的意義。在撲克牌的例子裡，一副依花色與牌點大小遞增排列的撲克牌有較低的熵，而隨機洗過的牌則有較高的熵，這似乎無庸置疑。但如果這副牌只有兩張呢？如此一來，只有兩種可能的排列，區分哪種排列更有序並沒有什麼意義。假使有三張牌，比如紅心二、三、四呢？也許讀者會說，「二、三、四」的排列比「四、二、三」來的有序，因此具有較低的熵；畢竟前者是按照遞增順序排列的。但是如果這三張牌換成紅心二、方塊二與黑桃二呢？是否有任何一種排列方式比其他更有

序？與前例的不同只在於，這三張牌的差異是靠花色定義出來的，而非大小。所以，撲克牌的花色與大小等標記方式其實並不會影響一組牌的熵？「紅心二、方塊二、黑桃二」的排列與「方塊二、紅心二、黑桃二」比較起來，熵並沒有比較多，也沒有比較少。

這麼看來，我們先前將熵定義為系統的亂度，其實不夠精確，因為亂度的定義太狹隘。這個定義顯然只適用於某些狀況，我們得將它推展。以下拙劣的撲克牌把戲足以表達我的意思。我拿出一副依序排列的撲克牌，洗牌之後展示給你看，這副牌已經洗得非常均勻。接著我說：仔細看喔！然後做出洗牌的動作。我宣稱，這副牌已經被我洗成非常特殊的順序。這真是令人歎為觀止，我的動作與最早的洗牌動作看起來根本沒兩樣。我將整副牌翻過來在桌上攤開。讓你既詫異又難掩失望的是，這副牌的順序看起來跟先前一樣亂。你反駁道：這根本不是你所說的什麼「特殊排列」嘛！

啊，可是它的確是呢。你瞧，我願意用任何賭注跟你打賭，隨便拿出另外一副牌，你無法在洗牌之後重現這副牌的順序。你成功的機率與一副洗好的牌再洗回依序排列一樣渺茫，大約是一億兆兆兆兆兆分之一。基本上連試都不用試。若從這個角度來看，我手上隨機順序的牌跟一副沒洗過的新牌一樣「特殊」。這麼一來熵怎麼辦呢？假使洗完後出現的牌序跟最初的牌序機率一樣小，我們就無法宣稱熵是增加的，不論牌洗得多麼徹底。

由於篇幅有限，我打算直接給答案。比起我手上隨機出現的「特殊」牌組，按順序排列的牌組確實更特別。原因在於熵衡量的其實是一個系統的隨機性（randomness），而非亂度（disorder）。這看起來像在玩文字遊戲，不過它確實給了我們更嚴謹的熵的定

義。學術上，用來衡量「特殊性」相對程度的術語稱為「算則隨機性」（algorithmic randomness）。

「算則」（algorithm，又譯為演算法）一詞在計算領域被用來統稱電腦程式中的一系列指令，而「算則隨機性」為指示電腦產生某種特定撲克牌序（或數列）所需的最短程式長度。在先前只有三張牌的範例裡，重現「二、三、四」的順序需要用到以下指令：「從最小排到最大」。而「四、二、三」順序則要下達諸如「從數目最大的開始，接著由小排到大」的指令；在這個例子裡，也可以直接指定每個位置的牌「從四開始，然後是二，接著是三」，複雜程度其實差不多。後兩種指令的算則隨機性都比第一個指令來得高一些，因此「四、二、三」這個排列方式的熵就比「二、三、四」多一些。

當我們使用完整的一副五十二張牌時，情況將會變得更明朗。下指令叫電腦產生某種有序的排列相對上較為簡單：「從紅心開始，將牌點依照遞增的順序排列，么點最大，接著對方塊、梅花、黑桃進行同樣的排序」。但是你要如何撰寫程式，安排電腦產生我洗牌後出現的特殊順序？這種情況也許就沒有投機取巧的做法，只能一步步下達明確的指令：「從梅花的國王開始，接著是方塊二，紅心七（依此類推繼續下去）」。如果這副牌尚未達到最大亂度，其中還有幾段沒洗到的牌，原來的牌點順序還沒被破壞，程式的長度就可以縮短。例如，假使黑桃二、三、四、五、六仍然連在一起，那麼這一段就可以下較為簡短的指令：「從黑桃二開始，其後四張牌同花色，且按遞增順序排列」，而不需要使用更長的指令明確指出每張牌的牌點與花色。

圖 4.4　熵即是隨機度

與右圖的牌相比，按左圖方式排列的五張牌處於熵較低的狀態，因為描述
其排序所需用到的資訊較少，而非它比較「特別」。

討論電腦程式的長度，對讀者而言或許沒有太大的意義，我們大可跳過定義算則隨機性這一段。然而，跟馬克士威精靈的大腦一樣，我們的大腦從最根本的層次來看就是一部執行指令的電腦，你可以將算則隨機性的概念換成我們的記憶能力。如果給你一副隨機洗過的牌，請你將它依照花色和牌點遞增順序排列，指令很明確也很簡單，你一定可以輕易完成。（你可以將牌翻正，輕鬆地進行排列動作，而非透過隨機地洗牌，靠機率盲目地達成目的。）如果請你將撲克牌依照我洗牌後得到的「特殊」順序排列，在你試圖用手上的牌複製這個順序之前，也許就會發覺要記住它幾乎是不可能的任務。與前者相較，你需要更多的資訊來重現撲克牌的順序。而當你知道愈多關於一個系統的資訊，你能夠對它進行的排序工作就愈多，降低的熵也愈多。

永動機

　　自古以來，許多具有商業頭腦的人不斷嘗試發明永動機，一種能夠持續運轉並對外作功的機器。簡單來說，即便只是讓它維持運轉，它產生的能量比消耗掉的還多。但這是不可能實現的。

　　我得先澄清一下，當我們宣稱某件事在科學上不可能實現時，一定得非常小心。畢竟熱力學第二定律的統計本質已經告訴我們，在一杯熱水中自發形成冰塊並非全然不可能。不過這種可能性微乎其微，你可能得等超過整個宇宙年齡的時間才會觀察到這個現象發生，因此我們可以排除它的可能性。當我們說某件事不可能發生時，通常意指「根據我們現階段對自然界運作方式的了解，以及公認的現行物理理論，它不可能發生」。我們當然有可能是錯的，而正是這一絲些微的希望，驅策發明家們不斷設計出天馬行空的永動裝置。

　　這類機械裝置主要分為兩大類。第一種永動機違反的是熱力學第一定律，它們不須輸入能量就可以作功。熱力學第一定律是關於能量守恆的表述，指出在一個孤立的封閉系統裡，新的能量無法被創造出來。任何宣稱能夠無端產生能量的機器都屬於此類。

　　第二種永動機雖然沒有違反第一定律，卻因為採用某種使熵減少的方式將熱能轉換成機械能，而違反熱力學第二定律。微妙之處在於，上述現象並未伴隨他處熵的增加來平衡系統所減少的熵。如先前所述，第二定律的其中一種解釋是，熱能只會由高溫處流向低溫處。在這個過程中熵增加了，卻可以從中汲取出有用的功，去降低別處的熵，前提是別處減少的熵沒有超過系統熱量轉移所增加的

熵。一部可以從熱物體汲取能量，卻不會同時讓熱能流向低溫處的機器，就是試圖達成永動目標的裝置，例如馬克士威的精靈。

　　當然有許多裝置遵守這兩條熱力學定律，它們從一些不易察覺的外來能源獲取能量，例如大氣壓力、濕度或海潮等。這些並不是永動機，它們並未違反任何物理定律。讀者只需要釐清保持其運作的能源即可。

　　某些裝置乍看之下不需要外接能源即可一直運轉下去，例如轉動的輪盤或擺動的單擺等裝置。實情並非如此。它們只是效率極高，初始能量不至於流失，而初始能量當然是裝置開始運轉不可或缺的。事實上，它們的運轉終將減慢下來，因為沒有任何機器可以達到百分之百的效率，而且不論潤滑多麼周到，總是有某種形式的阻尼效應存在，例如空氣阻力或機件之間的摩擦力等。

　　因此，永動機原則上只在沒有能量流失到周遭環境的情況下才可能存在。任何企圖將能量汲取出來的嘗試，當然都會導致這類裝置停止運轉。

馬克士威的精靈與量子力學

　　關於馬克士威的精靈，爭辯並未隨著齊拉德發表研究成果而中止。現今的物理學家一路追蹤這個精靈到量子的國度，這個國度裡有許多只在原子尺度下運作的古怪規則。在量子力學裡，一旦提到單一分子位置與速度的量測，必然會碰到我們能獲得多少資訊這個基本課題。它被稱為海森堡測不準原理（Heisenberg's Uncertainty Principle），描述我們永遠無法同時精確得知一個粒子（或空氣分

圖 4.5　兩種簡易的永動機

（a）「失衡」的輪盤裝置。這個永動機的構想可回溯至第八世紀的印度。曾有許多精巧的設計被提出，它們全都基於相同的原理，而且也都因為同一個原因而失敗。在上圖展示的版本中，右邊的球（介於三點鐘到六點鐘方向之間）會滾到外側，由於它們距離轉動中心較遠，能產生比靠近圓心的球更大的力矩，推動輪盤轉動。原本預期右邊的球產生的力矩能勝過左邊的球，一旦輪盤緩緩開始轉動，淨力矩就能推動輪盤一直順時針轉動下去。實際狀況卻是，與右側產生較大力矩推動輪盤的球相比，總是會有更多的球在左測抵抗輪盤轉動，因此它無可避免地愈轉愈慢，最後停止。

（b）磁力馬達。構想是將中央的磁鐵遮蔽起來，使其不受外側圍成一圈的磁鐵影響，僅在南極與北極各留一個洞感應外圈磁鐵的磁力。中央磁鐵上端的南極受到外圈磁鐵內側的北極吸引，下端的北極則被排斥。這兩股力會推動中央的磁鐵順時鐘不斷轉動下去。問題出在對於磁場如何運作的誤解：事實上，外圈磁鐵圍起來的內部並沒有磁場；對稱性使得磁場互相抵消，因此中央的磁鐵完全感受不到轉動的力。

子）的位置及運動速度；量測總會得到有點模糊（fuzzy）的結果。許多物理學家指出，正是因為這種「模糊性」（fuzziness），最終得以保全熱力學第二定律。

對於那些仍懷抱永動機之夢者，量子世界似乎成為最後的希望堡壘。許多年來，不斷有人建議，或許可以利用一種被稱為「真空能」（vacuum energy）或「零點能」（zero point energy）的能量來達成目的。基於物理世界的模糊性，沒有任何東西是完全靜止的，所有分子、原子或次原子粒子總會至少帶有某個最低限度的能量，即便在冷卻到絕對零度的情況下。這就是所謂的「零點能」。甚至連虛無的真空也有相同的現象；根據量子物理學，整個宇宙都充滿了這種「真空能」。許多人相信我們可以藉由某種方法獲取這些能量並加以利用。然而，在這個過程中我們會碰到和左右隔室的空氣分子一模一樣的問題。真空能是均勻分布的，因此任何企圖汲取它用來作功的方法，都會消耗比所得更多的能量。均勻分布的真空能無法被任意汲取，正如非得藉助外部助力否則無法在溫度相等的兩側隔室之間建立溫度差一樣。

這種外來的助力可以用資訊的形態出現，就像馬克士威的精靈腦海裡的知識一樣，但是資訊的獲得仍然需要能量，能量的消耗將導致別處的熵增加。

我們永遠無法擊敗熱力學第二定律，這件事一定要記得。

啊，我差點就忘了另一件事：本章開頭曾提到，熱力學總共有四條定律，但我還沒告訴讀者剩下兩條定律是什麼。不用再摒息以待了：熱力學第三定律說的是「當一個完美晶體的溫度降到絕對零度時，其熵亦降為零」。至於第四條定律唯一有趣的地方是，儘管

在前三條定律已建立很久之後才被加進來，但由於它被公認比其他三條定律更基本，因而被稱為第零定律，而非第四定律。在這三條定律成立之前，它得先成立才行。第零定律指出，如果兩個物體各自同時與第三個物體達成熱平衡（thermodynamic equilibrium，也就是溫度相等的科學說法），那麼兩者之間必然也處於熱平衡——這沒什麼好大驚小怪的。這個定律被賦予「零」的代碼，只是因為另外三條更重要的定律已經眾所皆知，如果將全體代碼數字提高，將造成許多混亂與誤解。這並不是我們所樂見的，對吧？

5 竿與穀倉的悖論

一根竿子究竟有多長？這要視它移動得多快而定……

如果讀者不是或不曾是物理系學生，你可能沒聽過這一則悖論。它是教科書裡幫助學生了解愛因斯坦相對論的其中一個著名範例；這些為數不多的經典範例都是用來凸顯這個理論對於時空本質所做的一些不可思議的預測。不過這一則悖論實在太有趣了，只留給物理學家享用十分可惜，我很樂意將它介紹給讀者。我得先警告各位，如果讀者沒有先備物理知識，這個悖論便無法在直接敘述完之後，只運用一點相對論知識就釐清。在本章，我得先為讀者建立一些物理學知識，才能完整地鋪陳這則悖論，進而破解它。

在本書開頭我已經答應讀者，會在每章的一開始概述每一則悖論的要點，以便讓讀者對於即將探討的問題了然於胸。以下就是本章悖論的概貌——請暫時先放下疑慮，在一頭栽進愛因斯坦的世界之後，我一定會滿足你的好奇心。

有位撐竿跳選手，握著一支與地面平行的竿，以極快的速度衝刺。為了使下列描述的效應夠顯著，我們得假設該選手奔跑的速度接近光速！他跑進一間長度跟他手上的竿一樣長的穀倉。在起跑前他已經用這支竿丈量過穀倉的長度，知道兩者等長。穀倉前後門皆敞開，他一路奔跑穿過穀倉沒有減速。假使我們對相對論一無所

知，就會認為竿尾會在某一刻正好進入穀倉，同一時刻竿頭正要穿出穀倉。

當這位撐竿跳選手以人類正常的速度奔跑時，情況確實如上所述。但他並不是，他以接近光速在奔跑；根據愛因斯坦相對論的預測，各種現象正是在這種速度之下才開始變得怪異而有趣起來。其中一個與本章內容息息相關的現象，就是高速移動物體的長度看起來比靜止時來得短。也許有讀者認為這個現象完全可以理解；畢竟物體呼嘯而過的速度快到讓你產生物體變短的錯覺，當你測出前端的位置時，尾端已經又往前移動了一些。不不不，不是這樣的，如果情況有這麼簡單就好了。

假使你發射一枚飛彈（發射前測量出來的長度是一公尺），它沿著固定的皮尺接近光速飛行，在飛行途中對它拍攝一張快照，你將發現它的長度的確少於一公尺，至於長度縮短多少則依飛行速度而定；愈接近光速，長度縮短愈多。稍後我將更深入探討這個概念，暫且先讓我們回到穀倉裡的竿上面。

回顧一下剛才的場景：相對論告訴我們，如果讀者站在穀倉裡看著撐竿跳選手奔跑穿過穀倉，你將發現竿的長度變得比穀倉短。竿的尾端在某一刻進入穀倉，而前端稍後才會由另一側穿出穀倉。有一段短暫的時間整根竿子都在穀倉裡。

這個現象雖然詭異，但還不至於構成悖論，因為我們還沒運用在相對論裡學到的另一個重要概念，也就是這個理論命名的原因──一切運動都是相對的。這個觀念遠在愛因斯坦之前就已經出現，也沒有不合常理之處。設想你坐在一列火車上，另一位乘客在走道上循著火車前進的方向走過你的座位。由於你與這位乘客都在

車上隨著列車移動,對你來說,他經過你的速度跟他在火車靜止時的步行速度一樣。而在同一時刻,火車正好通過某個車站,月台上的某位觀察者也看見火車上這位沿著車廂走動的旅客。對他來說,這位旅客的移動速度為其步行速度加上火車飛馳的速度。所以問題變成:這位旅客的移動速度為何?是以你為準的「步行速度」?還是以月台上的觀察者為準的「步行速度加上火車前進的速度」?

我們自然而然認為,答案依觀察者而定。速度並非絕對的物理量,而是依測量者本身的運動狀態而定。同樣的道理,你也可以說當你坐在火車上,火車本身對你而言是靜止的,而車窗外的月台正往相反的方向移動。這種說法好像把上述概念過度延伸了,因為顯然火車的確在移動。不過設想狀況如下:假使火車以每小時一千英里的速度(我知道這不符合實際狀況)由東往西行駛呢?如果你懸浮在太空中,會看到什麼景象?你看到的是地球以每小時一千英里的速度往火車行駛的反方向自轉,這就是地球每天自轉一周的速度。對你而言,火車的速度與地球自轉一樣快但是反向,因此停在原地不動,猶如看一個人在跑步機上跑步一樣。那麼,你認為是火車還是地球在移動呢?看出來了嗎?一切運動都是相對的。

很好。我假定以上論點已經說服讀者。接下來讓我們回到竿與穀倉的悖論。在撐竿跳選手的觀點裡,即便他已經以遠超乎現實的速度衝刺,卻仍然可以將自己與竿視為靜止,並想像穀倉以接近光速在接近他。相對論效應在這裡很明顯:撐竿跳選手不但看到穀倉在移動,而且長度也縮短了——事實上縮到比他的竿還短了不少。因此他看到的是,當竿尾通過穀倉入口時,前端早已穿出穀倉另一側。事實上,有一段時間竿的兩端都突出於穀倉之外。

於是悖論出現了：對於觀察到長度縮短的竿進入穀倉的讀者而言，竿比穀倉還短，可想見在某段短暫的時間裡穀倉的前後門能夠同時關上（使用適當的觸發裝置的話），將整根竿子關在穀倉裡。但對撐竿挑選手而言，竿子的長度超過穀倉，無法關進穀倉裡。讀者與選手不可能兩者都是對的吧？正確答案卻是：兩位的確都對。這就是竿與穀倉的悖論。在本章剩餘的篇幅裡，我除了將解開這個悖論的矛盾外，還將說明相對論是怎麼把我們逼進這種左右為難的困境裡。

為了破解這個特別的悖論，我們將要勇敢探究愛因斯坦相對論的奧祕。藉由追隨這位大師一世紀之前曾經走過的思路，我們將逐一跨過邏輯推演上的每個階段，直到抵達目的為止。

我想最好先跟讀者全盤坦白。我本來就不打算在本書中藉助任何數學算式或學術上的專業圖表來教大家基本相對論，原則上我可以直接跳到這個悖論的解答，並祈禱讀者相信我對於極高速運動下長度收縮的解釋。不過，有可能我也只是在杜撰故事而已。讀者有兩個選擇：一是假若你（a）已經熟悉相對論；或（b）相信愛因斯坦說了就算數，你可以直接跳到本章末尾我破解這個悖論的段落。二是讓我仔細而逐步地引導你經歷每一個邏輯步驟。如果你選擇後者，長遠來看會是值得的，因為除了本章關於長度的討論外，往後兩章的悖論將會牽涉到時間的本質，也需要用到本章所解釋的原理。我保證會盡力讓整個過程不僅毫無痛苦，甚至還充滿樂趣，畢竟狹義相對論是物理學當中最美妙的理論之一。

關於光的本質

　　到了十九世紀末，我們已經知道光的表現像波；與聲音類似，但傳遞速度要快上許多。為了要弄懂本章後續討論的內容，讀者得了解波的兩種重要性質。首先，波動需要靠介質來傳遞，也就是需要某種會來回擺動或振動的媒介物。設想聲音是如何傳播的：當你向身旁的人說話時，從你口中發出的聲波透過空氣傳送到對方耳裡。空氣分子在這個過程中產生振動並傳遞聲能。類似的情況還有，海面上的波浪需要有水，以及抖動繩子之後產生的「波凸」需要沿著繩子移動等等。

　　很顯然，沒有傳遞波動的介質，就不會有波。所以我們可以理解為什麼十九世紀的物理學家相信，被當成電磁波的光也需要某種介質來傳播。由於沒有人見過這種介質，他們必須設計能夠偵測出其存在的實驗方法。該介質被稱為（導光的）「以太」（luminiferous ether），科學界也投入大量心血試圖證明它的存在。當然，它必須具有某些特質，例如：為了讓遙遠的星光能穿過空無一物的太空到達地球，整個銀河系必須充滿著以太。

　　一八八七年，在俄亥俄州的一間獨立學院裡，亞伯特‧邁克生（Albert Michelson）與愛德華‧莫立（Edward Morley）一起進行了科學史上最著名的實驗之一。他們設計出一種方法，能夠極精確地測出一束光穿越一段特定距離所耗的時間。但是在講述他們的發現之前，我得先說明波的另一種特性，也就是**波傳遞的速率與波源移動的速率無關**。

　　想像一部接近中的汽車所發出的噪音。聲波的速度快得多，因

此能在車輛抵達之前傳送到你耳裡，而聲波的傳播速率只跟振動的空氣分子能將波動傳遞得多快有關。聲波並不會因為受到行駛中的汽車「推進」而更快傳送到你身上。真正發生的情況是，當車子愈來愈靠近，你與車子之間的波紋被擠壓得更密，波長變短，頻率變高。這種稱為「都卜勒效應」（Doppler effect）的現象對我們而言並不陌生，例如從救護車接近再遠離的過程中警笛音調的變化，以及賽車在賽道上飛馳而過時引擎怒吼的聲調變化都可以察覺出來。儘管聲波的音頻會隨著聲源速率不同以及它正在接近或遠離我們而改變，然而波本身的傳遞速度卻是固定不變的，傳遞到我們身上所費的時間也是。

關鍵在於，從汽車駕駛的觀點來看，情況變得截然不同。車輛的引擎聲透過空氣向四面八方散播的速率都是一樣的。因此，聲波的相對速率在平行的車輛前進方向就顯得比在垂直方向來得慢。這是因為對於汽車駕駛而言，車輛前方聲波的前進速度等於聲波在空氣中的速度減去汽車的行進速度。

邁克生與莫立將這個原理應用到光波上。他們設計了一個絕妙的實驗裝置，相信它將成為史上第一個偵測到以太並確認其存在的實驗。首先他們假設，地球在繞著太陽公轉的過程中會穿過瀰漫在太空中的以太，速度大約是每小時十萬公里。他們在實驗室裡能夠測量兩道光束行經兩段不同的等距路徑所需的時間，並達到不可思議的精確度。其中一條路徑沿著地球繞太陽公轉的方向，另一條則與之垂直。他們從地面實驗室觀測這兩個方向的光速，就好像汽車駕駛看著向前與側向的聲波以不同的速率傳播一樣。

邁克生與莫立認為，假如以太真的存在，地球在其中移動應該

不受阻礙，那麼沿著兩條不同路徑前進的光束將會耗費不同的時間走完相同的距離；因為對於移動中的地球而言，光束在兩個方向上的傳播速度是不同的。儘管光速每秒高達三十萬公里，大約是地球公轉速率的一萬倍，他們所設計出來名為干涉儀（interferometer）的裝置，卻能藉由這兩道光束返回之後疊加產生的干涉現象，靈敏地量出光束行經兩條不同路徑所產生的時間差。

但是，他們並沒有偵測到任何一丁點這種預期中的時間差。

他們的實驗得出科學上所謂的「零結果」（null result），相同的結果在日後一再地被更加精確的雷射光束實驗所證實。全世界的物理學家簡直無法理解這個結果，他們相信邁克生與莫立的實驗一定是哪裡出了差錯。這兩道不同方向的光束怎麼可能速度相同？「一切運動都是相對的」這個原則究竟出了什麼事？

我曉得這整件事聽起來有點令人困惑，讓我盡可能把它說清楚。還記得火車上的乘客沿著走道走動的例子嗎？邁克生—莫立實驗結果就好像，火車座位上的你與月台上的觀察者看到那位旅客的移動速度相同！這聽起來荒謬至極，不是嗎？正如我先前解釋的，你應該看到乘客以正常的行走速度移動，而月台上的觀察者看到他的速度比火車還要再快上一點、呼嘯而過才對。

在邁克生與莫立得出令人困擾的實驗結果的前八年，愛因斯坦誕生於德國烏爾姆（Ulm）。在同一年，也就是一八七九年，在華盛頓的美國海軍天文台（US Navel Observatory）任職的邁克生對光速進行測量，其結果達到萬分之一的精確度。他並不是第一個進行這類測量的人，當然也不會是最後一個，不過這個經驗卻有利於往後他和莫立一起進行的著名實驗。年輕的愛因斯坦對於邁克生與莫

立舉世震驚的實驗結果毫無所悉，但不久之後他卻靠著構思各種臆想實驗，開始獨力思索關於光的各種不尋常性質。他問自己，如果以光速飛行時，同時拿著一面鏡子放在面前照自己，是否還能看到鏡中反射出自己的影像？如果鏡子本身就以光速前進，從臉上發出的光怎麼會到達鏡面？他多年來的思索終於在一九〇五年發表狹義相對論（Special Theory of Relativity）時開花結果，當時愛因斯坦才二十來歲。我們突然間能用一種美妙的方式來理解邁克生與莫立的實驗結果了。

圖 5.1 愛因斯坦早年的研究

以光速飛行的愛因斯坦，是否還能在鏡中看見自己的反射影像？

直到愛因斯坦的理論發表前，物理學家們不是拒絕相信邁克生與莫立的實驗結果，就是試圖修正物理定律以便與實驗結果相容，不過卻未能成功。他們試圖將光解釋成一道粒子流，這種模型便能夠解釋實驗結果；但這個實驗卻是針對光的波動本質而設計，運用兩道光束的波疊加在一起的干涉圖案來測出它們到達偵測器的精確

時間。無論如何，如果光是由粒子組成，就沒有以太存在的必要，因為粒子的傳遞並不需要介質。

這一切都在一九〇五年改觀。愛因斯坦的整個理論奠基於兩個構想之上，稱為相對論的兩大基本假設。第一個假設來自昔日的物理知識，僅僅指出一切運動都是相對的，沒有任何物體可以被視為處在真正的靜止狀態。這表示我們無法透過任何實驗得知自己是否真的靜止不動或是正在動。第二個假設乍看之下無關緊要，卻是一個革命性的假設。愛因斯坦指出，光的確有波動性，因此光速與光源的移動速度無關（正如行駛中的汽車所發出的聲波一樣）。然而與聲音不同之處在於，它不需要透過介質便可傳遞。以太並不存在，而光波可以穿過完全空無一物的太空。

到目前為止看來還沒出現任何矛盾。你也許會認為，這些沒什麼殺傷力的假設並沒有令人難以接受之處。它們看起來實在不像是會帶來革命性時空觀點的論述，但它們確實是。每一個假設單獨來看都沒有什麼威力，但是當它們結合起來之後，便展現出愛因斯坦想法的精深之處。

我們來重點回顧一下。不論光源以何種速度運動，發出的光會以相同的速率傳遞到我們這裡。這個現象跟其他種類的波相同，例如聲波，沒什麼問題。我們知道觀察者只要測出自己相對於介質的運動速度，便可得知相對波速。然而，光的傳播不需要透過介質，如此一來宇宙中就沒有人具有特殊地位，不論我們處於何種運動狀態，都應該要測得相同的光速（每小時十億公里）。這一點正是一切詭異情況的開端，我將會說明它的意涵。

設想兩具火箭在太空中朝對方高速前進。如果它們的引擎都

處於關閉狀態，只是以固定速度「巡航」的話，那麼這兩具火箭上的人都無法確定，究竟是兩者同時朝向對方移動，或是其中一具火箭處於靜止，另一具火箭向對方接近。事實上，根本就沒有所謂的「運動」或「靜止」，因為運動必定是相對於其他參考物體的狀態。參考鄰近的恆星或行星都不是好辦法，誰知道它們究竟是不是靜止呢？

接著，其中一具火箭上的太空人朝另一具火箭發射一道光束，並且測量光束發射出去之後的速度。由於他可以合理宣稱自己處於靜止狀態，是另一具火箭在移動，他應該會看到光束以尋常每小時十億公里的速度發射出去。同一時刻，另外一具火箭上的太空人也可以合理宣稱自己處於靜止。他也測出光束接近的速度是每小時十億公里，並且表示這沒什麼奇怪的，因為光速與光源接近的速度無關。這正是我們所發現的情形。矛盾的是，這兩位太空人測得的光速是相同的。

這實在非常神奇，而且有違常理。儘管兩位太空人幾乎以光速朝對方運動，他們對同一道光所測得的光速竟然相同！

在進入下一個主題之前，我們已經可以回答愛因斯坦關於鏡子的問題了。不論他飛得多快，他都能在鏡中看見反射的影像。這是由於他不論在何種速度下，看到光從臉上發出到鏡子再反射回來的速度，都與靜止時所見的光速相同。畢竟到頭來，他飛得多快要怎麼判定？一切運動都是相對的，記得嗎？

這一切是需要付出代價的，我們需要修正對於時空本質的認知。只有當相對速度各異的觀察者對於距離與時間的量測結果都不相同時，對於所有觀察者而言，光速才有可能一致。

縮短的長度

在讀者開始反駁這個「理論」到頭來只是錯誤臆測之前，我得強調，它已經受到百年以上的研究與檢測，而且相對論效應一再出現。我甚至可以擔保這個理論的正確性，因為跟許多物理系學生一樣，我大學時也曾在實驗室中進行過關於「緲子」（muon，唸法如「秒子」）的次原子粒子實驗，這種粒子是由宇宙射線（來自太空、不斷衝擊地球外大氣層的高能粒子）產生的。緲子在宇宙射線撞擊空氣分子的過程中誕生，並且向地表傾瀉而下。我在學生時期所進行的實驗，是以某種特製的偵測器捕捉這些粒子並計算其數目。我們已知緲子在衰變之前的壽命只有微不足道的短暫瞬間，這是其他實驗仔細測量出來的結果。一般而言，緲子的生命期只有二微秒（microsecond）左右，有些較長，有些稍短。

緲子充滿能量，衝向地球的速度大約達到光速的百分之九十九。即便在這麼高的速度下，它們也需要耗費生命週期好幾倍的時間才能抵達地表，這點可以透過它們的速度和路徑距離約略估算出來。照理說，我們應該只能偵測到那些特別長壽、可以抵達地面的極少數緲子才對。但我們卻發現幾乎所有誕生的緲子都能輕易抵達地表，並且在消失之前觸發偵測器。一個可能的解釋是，或許基於某種原因，高速的緲子存活得比靜止的緲子來得久。不過，愛因斯坦會說這個解釋不對，因為一切運動都是相對的，只有相對於地表的我們，一顆運動中的緲子才在「運動」。

精彩之處終於來了。設想緲子會看到什麼樣的情景。如果它會說話，它將告訴你它的確以百分之九十九的光速在前進──應該

說，地面以百分之九十九的光速向它迎面而來，而它似乎有足夠的時間走完這段旅程。事實上，從它的觀點來看，到達地面所耗費的時間比它的生命週期還短上許多。這只可能意謂一件事：對緲子而言，時間流逝的速度必定比對地面上的我們來得慢。確實如此，不過我打算將更多關於時間變慢的細節留待下一章討論。對現階段的我們來說，還有一道邏輯上的障礙要跨越。設想以下情況：首先，你與緲子都認同它前進的速度（更精確的說法是，彼此接近的速度）；其次，緲子說它在旅程中所費的時間比你預期的還要短。為了使兩邊的見解一致，這顯然也意謂它的旅程變短了。也就是說，如果它以雙方都認同的速度前進，而緲子卻能以更短的時間走完整個旅程，那麼它所見的距離就一定比你所見的還要短。

這種高速前進之下出現的性質稱之為「長度收縮」（length contraction）。這個性質指的是，正如一個物體在高速移動時的長度變得比靜止狀態短，對高速移動的物體而言，要走的距離看起來也縮短了。

星際之旅

在回到竿與穀倉的悖論之前，關於這個理論有個有趣的結果值得探討。第三章介紹奧伯斯悖論時，我曾提到最靠近我們的恆星鄰居遠在數光年之外。即便我們以光速旅行，也要花上數年的時間才能到達該處。這個想法相當令人洩氣，它意謂我們困在太陽系中，最多只能造訪其他繞太陽運行的行星；要踏上更遙遠的旅途耗時實在太久了。至於造訪更遠的恆星，甚至極為遙遠的新星系，似乎不

可能實現，畢竟連光都要費時幾十億年才能到達。

　　那麼假如我告訴你，即便在光速的速限以內，仍然有可能在一眨眼的時間裡航行到宇宙的另一頭呢？這是科幻小說嗎？非也。唯一妨礙我們這麼做的是，我們沒有可以接近光速航行的火箭，而且未來可能也不會有。不過暫且先假定我們有這種火箭好了。這個原理跟緲子的例子一模一樣。緲子觀點中的地表距離比起地面上的我們所見縮短許多，對於以接近光速朝向遠方恆星航行的太空船乘客而言，他所見的必經之路也壓縮變短了。

　　想像一根堅固的桿子有幾千光年這麼長，兩端連接地球與目的地恆星。太空船上的人可以說，一切運動都是相對的，所以並不是太空船以接近光速航行，而是這根桿子以相同的速率但反向移動。在他們的觀點中，他們是靜止的，桿子則高速向後移動，因此他們會發現桿子的長度縮短了，桿子通過他們的時間也跟著變短，於是前往目的地所花的時間就減少了。

　　相對論告訴我們，當你愈接近光速，長度就縮短愈多。舉例而言，在一位相對於起點以 0.99 倍光速航行的星際旅人眼裡，一百光年的距離會縮短成十四光年。由 0.9999 倍光速航行的旅人看來，同樣的距離卻縮短到只剩一光年（旅程時間只要一年，因為太空船幾乎是以光速前進）。如果太空船能夠更進一步逼近光速，比如 0.999999999 倍光速，那麼一百光年的距離只要在兩天之內就可以完成了。

　　請注意這裡我們並未違反任何物理定律。當你的航行速度愈接近光速，抵達目的所需的時間就愈短。我希望讀者已經明瞭這並不是由於航行速度變快（畢竟就數值而言， 0.999999999 倍光速並沒

有比 0.9999 倍光速快上多少），而是因為當你愈接近光速，所見的距離就會愈短；而當距離縮得愈短，旅途所耗費的時間也就愈少。

那麼，這個效應需要付出任何代價嗎？對於太空船上的讀者而言，完成這段「縮水的」旅程僅需花費較少的時間，而且旅程也較早結束。假使只要花兩天時間就可以航行一百光年的距離，你抵達目的地時就只比出發時老了兩天。但是請記得，跟地球上的時間相比，你所經歷的時間看起來變慢許多。對於地球上的其他人而言，你以接近光速的速率航行一百光年的距離，所以需要一百年的時間才能完成這段旅程（或者稍久一點，因為你前進的速度略低於光速）。你經歷的兩「太空船日」等同於一百「地球年」。更糟的是，如果你抵達之後發送一道光信號回地球報平安，需要再多耗時一百年才能將訊息送達。你發出的第一個平安抵達訊息在出發後兩百年才會到達地球。

我們在此學到的一課是，讀者可以在不超過光速的前提下，以任意快的速度在任意短的時間內跨越整個宇宙。但別以為你回到地球之後，還找得到任何健在的家人或朋友。

這個討論有趣而令人困惑的尾聲，就是設想太空中傳播的光會看到什麼。事實上，我們在這個問題上需要運用相對論的意涵推演出邏輯上的結論：當讀者乘著光遨遊宇宙，不論你的航程有多遠，即便是橫跨整個宇宙，距離都會縮短成零。這完全不會構成問題，因為在此情況下時間也停止不動，也就是移動零距離並不需要耗費任何時間。這是沒有任何物體可以達到光速的另一個原因：光想到就覺得實在太瘋狂了。不過光卻可以輕易達成，只是沒有任何一道光可以告訴我們那是什麼感覺。

　　我們將在下一章進一步探討這個概念。現階段在以上這個短暫的插曲之後，我們即將回到竿與穀倉的悖論——不只要解開它的矛盾，還要來了解它為什麼會構成悖論。

再論竿與穀倉

　　我們先回顧一下問題本身。現在我們已經「上道」，了解相對論關於接近光速運動時長度收縮的預測。請記得你站在穀倉裡，看著撐竿跳選手高速朝你跑來。你知道竿在靜止狀態下與穀倉等長。不過由於它正相對於你進行高速運動，因此長度會變短，整根竿可以輕易進入穀倉中。事實上，如果你的動作夠快，可以在某一段極短的時間內把穀倉的前門與後門同時關上，將竿完全關在穀倉內。

　　我們也要從選手的觀點來看整個過程。在他眼裡竿是不動的（相對於他不移動），而是穀倉在高速向他接近。因此他所看到的，是一個視覺上壓縮變短的穀倉朝他高速衝來。在他奔跑穿過穀倉的過程中，竿尾通過穀倉入口之前，竿頭就已經穿出後門之外。因此穀倉的前後門不可能同時關上，竿太長了穀倉裝不下。

　　這究竟只是視覺上的假象，還是真實的物理效應呢？你與撐竿跳選手終究不可能都是對的；穀倉的前後門只能同時關上，或不能同時關上。

　　正如我在本章開頭所說的，悖論在於你與選手兩者都對。基於「高速移動的物體長度會縮短」與「一切運動都是相對的」這兩大現象，相對論告訴我們它必然會發生。

　　解答的關鍵在於我們怎麼定義「同時事件」（simultaneous

events）。我說過，站在穀倉中的你可以同時關閉穀倉兩道門，把竿關在裡面。當然，一眨眼之後你得迅速打開後門，免得竿子撞上它。不過這無關緊要；重點在於前後兩道門在一段很短的期間內是同時關閉的。然而根據選手的說詞，事件是這樣發生的：他進入穀倉之後，在竿頭到達後門之前，他看到後門先短暫關上。一會之後，門再度開啟以便讓竿毫無阻礙地通過。又過了一會，等到竿尾進入穀倉之後，前門才關上。所以沒錯，當他停下來跟你核對各自的紀錄時，他的確說兩道門都曾經關上，但**不是同時**──設想他看到的穀倉變短了，前後門要同時關上自然是不可能的。

　　彼此進行相對運動的不同觀察者，看到事件發生的順序也有所不同，這是愛因斯坦相對論帶來的另一個結果。像我們碰到的其他怪異現象一樣，這並不只是理論上的預測而已，這種現象確實發生。不過，就像時間變慢與長度收縮，它並不是我們在日常生活中遭遇得到的。理由很簡單：我們不會以接近光速四處走動。對大多數人來說，移動最快就是在飛機上的時候。噴射機的巡航速度略低於每小時一千公里，這只是光速的百萬分之一而已。當我們移動得這麼慢時，很難察覺上述各種「相對論效應」。

　　我隱約嗅到一股懷疑的味道──說實話，讀者未能毫無保留地接受關於相對論的一切，讓我感到很受傷（也有可能我所說的傷到你，其實你對我的解說頗為滿意）。不論如何，讓我來挑戰一下自己，把原本的問題弄得再複雜些。記得前面提過，當竿與穀倉之間沒有相對運動時，兩者是等長的。如果長度收縮這個相對論效應不存在，原則上穀倉在某一瞬間還是能夠完全容納移動中的竿。但如果竿變成穀倉的兩倍長呢？上述相對論的論點依然適用，對吧？待

圖 5.2 竿與穀倉的悖論

（a）當竿與穀倉之間沒有相對運動時，兩者
長度相等。

（b）對於穀倉中的觀察者而言，高速移動的
竿長度變短，因此可以完全進入穀倉裡。

（c）對於選手而言，壓縮變短的是穀倉，因
此穀倉無法完全容納竿子。

在穀倉裡的你會看到移動中的竿長度縮短，如果速度夠快，竿長依然可以縮短到被關進穀倉裡。在此之前，讀者如果無法領略「長度收縮絕非視覺假象」的論點，相信在這裡就會了。竿的長度不只是看起來變短而已──在你的世界裡，它是真的變短了，因此你可以同時將前後門關上。然而，如果長度的收縮是真實的，是否意謂竿的組成原子被壓縮得更緊了呢？更重要的是，這位撐竿跳選手也無法倖免會受到壓縮，你會看到他奔跑時變扁了。難道他不會感到不適嗎？答案是不會，他根本不覺得有什麼不同（除了有點上氣不接下氣之外，畢竟跑這麼快），更何況在他眼裡，變扁的是站在被壓縮穀倉裡的你，因為是你與穀倉朝向他高速移動。

如果他並未感覺被擠壓，而且還看到手上的竿與起跑之前一樣長，那麼，你所見到竿長度變短想當然爾不過是一種假象罷了。

我們來測試一下吧。假使穀倉後面沒有門，而是一道堅固的磚牆會怎樣呢？在此不需要擔心選手的安危；如果你接受選手能跑出接近光速的速度，你應該也可以接受他能在撞牆之前安然煞住。

我們將再度以兩個不同的觀點來觀察事件的進展。對你而言，縮短的竿一旦完全進入穀倉，在竿頭碰到磚牆之前，依舊能將前門關上。

但在選手的參考座標系裡，竿頭甚至在竿尾進入穀倉之前就已經撞上牆壁了。假設竿與牆都堅固到足以承受撞擊並且完整倖存下來，在前門終將關上的情況下，竿尾究竟如何才能進入穀倉裡？跟改變事件的發生順序相比，我們現在面對的似乎是一個更嚴重的問題。在選手看來，「前門在竿尾進入穀倉之後關上」這個事件根本不會發生。毫無疑問地，我們終於想出一個真正的悖論，將愛因斯

坦和他的理論逼到牆角。

錯。這裡有個完全可靠且正確的解釋。在選手的座標系裡，竿頭確實碰到了牆，竿尾卻對這個事件渾然不覺，因為根據相對論，沒有任何物體算得上是真正的剛體。記得我之前說過，沒有任何東西的速度可以超過光速，因此竿尾無法及時接收竿頭已經倏然停止的訊息（亦即沿著竿身傳遞的某種衝擊波）並停止以其原本的速度前進。基本上，竿尾並不知道竿頭已經瞬間停了下來，它依然以原有的高速前進，當竿頭停住的訊息送達時，竿尾已經進入穀倉內，因此前門就可以關上了。

要注意的是，我們必須做好準備快速地將門再度打開，因為竿並無法關住太久。當選手在穀倉裡倏然停止之後，你與他都會看到周遭物體開始變回真正的長度——我的意思是指物體不再處於運動狀態下的長度，相對論稱為其「固有長度」（proper length）。記得我說過，在這個例子裡竿的長度是穀倉的兩倍。如今選手的看法將會與你一致，一旦竿的每個部位都停下來之後（別忘了，真正的剛體是不可能的），它們會膨脹回到固有長度。由於竿頭被磚牆擋住而無法繼續移動，我們看到的是竿尾穿過已開啟的前門快速膨脹回原長，直到竿的後半截完全突出於穀倉之外。

最後有個我不打算深談，但值得一提的細微之處。在上述的討論裡，我說過你與選手會看到竿在不同時間經歷不同的事件。不過，光是看到竿頭或是竿尾都需要花上一點時間，也就是光線從竿頭或竿尾發出，到達你或選手眼裡所需的時間。由於竿本身就幾乎以光速前進，將這些光的傳輸時間納入考量變得很重要。我打算在此將進一步的細節省略。就原來的問題而言，只要知道竿子長度會

依照它移動速度而縮短就夠了。讀者可以進一步說服自己，下一章我們即將挑戰的時間悖論，同樣也奠基於本章所探討的原理上。

6 孿生子悖論

藉由高速運動，我們可以跨入未來

本章將繼續探討同一主題，也就是愛因斯坦相對論的預測所引發的悖論。與前一章不同的是，我們將在此深入探究與時間本質有關、令人費解卻引人入勝的概念，以及我們接近光速旅行時會受到什麼影響。

本章悖論的故事情節猶如科幻小說，卻符合每位物理系學生所學的主流科學概念。這些情節常被用來凸顯相對論的意涵，即便目前的科學技術還無法達成。首先登場的是一艘幾乎可以達到光速的太空船──雖然我們目前不可能建造出這種太空船，在原則上卻完全可接受。而且由於太空船並未超過光速，我們不需要引用科幻小說中常見、未經證實的構想，例如《星艦奇航記》中的曲速引擎（warp drive），或取道高維度超空間（hyperspace）中的捷徑等。

接下來介紹我們的英雄人物出場，也就是設計這艘太空船的孿生兄妹鮑伯（Bob）與愛麗絲（Alice）。鮑伯留在地面上，愛麗絲負責駕駛太空船從地球出發，進行為時一年的星際往返旅行。回到地球的那一刻，她在生理上老了一歲，也感受到一年過去了，而且太空船上的所有時鐘與計時裝置都顯示她離開地球正好滿一年。

另一方面，鮑伯持續監控她的整個旅程，並且目睹了接近光

速航行時，愛因斯坦相對論預測會出現的其中一個詭異現象：鮑伯看見太空船上的時間進行得比地球慢。如果他透過攝影機觀察太空船內，就會看見一切以慢動作進行：諸如太空船上的時鐘走得更緩慢，愛麗絲走動與說話的速度變遲緩等等。因此，對於太空船上愛麗絲而言一年的旅程，在鮑伯看來可能會歷時長達十年。事實上，愛麗絲回到地球後發現她的孿生哥哥老了十歲之多，儘管她自己的生理年齡只老了一歲。

這件事本身還不足以構成本章標題的「悖論」。雖然上述現象聽來詭異，但卻完全符合愛因斯坦的相對論。上述老化的年歲差別只是我隨便舉的例子，完全按照愛麗絲航行的速度而定。舉例而言，假使愛麗絲更加接近光速，隨便一個人都可以透過直接了當的計算（以及關於相對論的一點點知識）得出太空船上的一年相當於地球上的一百萬年；換句話說，愛麗絲歷時一天的星際旅行相當與地球上好幾千年。不過，且讓我們的討論侷限在太空船速度產生一年／十年時間差的情形，至少讓愛麗絲返回地球時哥哥還在世。

這個悖論的成因在於相對運動帶來看似矛盾的結果。就這一點來看，這裡的故事有點類似前一章的竿與穀倉悖論；不過，牽涉到時間本質的問題處理起來總是比距離更加棘手。注意到了嗎？我們貿然選定恣意的參考座標系，連帶也決定時間該在一個座標系裡變慢，在另一個不會。我們在前一章已經邂逅相對論兩大基本假設當中的第一個：一切運動都是相對的。我們來檢驗一下這個例子是否也適用。愛麗絲當然可以宣稱，並非她的太空船正以近乎光速遠離地球，而是地球正往反方向遠離太空船而去。那麼，究竟哪種才是真正的運動呢？難道愛麗絲不能說，在這一年的旅程中她一直都

是靜止的，是地球在移動，先是逐漸遠離，之後再逐漸接近？透過攝影畫面，她發現地球上逐漸遠去的時鐘，指針移動的速度比太空船上的鐘慢，這個現象足以佐證愛麗絲所見的。在她返回地球後，老化程度較輕的人應該是鮑伯才對，因為在她出遠門旅行的這一年裡，地球上只經歷了十分之一（一個月多一點點）的時間而已。以上就是本章的悖論。

相對運動所造成的這種對稱性，多年來引起許多困擾。事實上，許多已發表的科學論文號稱能夠證明這個悖論否定了愛因斯坦的相對論，以及時間在某個參考座標系裡進行得比另一個座標還慢的推論。也就是說，鮑伯與愛麗絲所見到的不過是某種視覺上的假象，時間其實根本沒變慢。基於這兩個參考座標系之間所展現的對稱性，乍看之下地球與太空船所經歷的時間應該沒有差別，因此當愛麗絲返回地球時，她與鮑伯的年紀依然相同。這意謂兩個人的結論都錯了？當然不可能兩個人都對吧。

信不信由你，正確的答案是：鮑伯是對的。愛麗絲返回地球之後，確實比他年輕了些。問題在於，這個結果怎麼過得了相對運動這一關？為什麼看似完全對稱的物理圖像竟然錯了？

為了破解這個悖論，我得說服讀者們，在接近光速的情況下時間確實會慢下來，正如物體接近光速時長度會改變一樣。首先，我們要仔細思考時間的本質。這也會幫助我們在下一章遇到時光旅行造成的悖論時，能夠更快進入狀況。

時間是什麼？

　　平心而論，至今仍然沒有人能在根本層次上了解時間是什麼。現今描述時間的最佳理論出自於愛因斯坦的廣義相對論，我在關於奧伯斯悖論的章節中介紹過。當我們企圖用手上最強大的理論來回答形而上的深刻問題時，卻暴露出它的不及之處。這些問題包括：「時間是否真的在進行，抑或只是幻覺？」「時間的進行是否依照某個絕對速率，甚至朝向某個確定的方向？」。「時間由過去朝向未來進行」、「時間以每秒經歷一秒的速率消逝」之類的論述，顯然對解決問題沒有什麼幫助。

　　在牛頓於三百多年前完成運動定律的鉅著《數學原理》（*Principia Mathematica*）之前，時間歸屬於哲學的範疇，而非科學。牛頓闡明物體在外力作用之下如何運動；運動狀態改變的定義牽涉到時間的概念，因此非得將時間納入這個描述自然定律的數學架構中。牛頓時間（Newtonian time）是絕對的，放諸各座標系而皆準。一般認為時間以固定不變的速率前進，不論我們對時間流逝的（主觀）感受為何；宇宙當中彷彿存在一個虛擬的時鐘，已經設定好每秒、每小時、每天、甚至每年有多長，我們完全無法改變它。這個想法聽起來相當合理，但已經被現代物理學徹底否定了。

　　愛因斯坦在一九〇五年公布了他的發現，提出時間與空間奧妙地交織在一起，彼此相互關聯。他所提出的相對論在物理學界引起一場革命。他的理論顯示，時間不再是絕對而獨立於觀察者的物理量。反之，依觀察者移動速度快慢，它可以延長，也可以縮短。

　　在此我得釐清一件事，這種時間推移快慢的變化，與我們的

主觀感受無關。當然，作為茶餘飯後的閒聊話題，我們對於以下狀況十分熟悉：歡樂派對所帶來的美好夜晚總是咻一下就過去了，反之，枯燥乏味的演講卻讓我們感到度日如年。大家都知道，在這兩種狀況下，時間並沒有真的加快或變慢。另一個類似的情況是，隨著年歲漸長，我們往往覺得時間愈過愈快。但是我們也知道，這並非因為時間的速度真的變快，而是因為度過的每一年都成為生命中比例愈來愈小的片段。試著回想在你的孩提時期，下個生日距離這個生日有多麼遙遠，你就能明白了。即便有了這些生活經驗，我們依然深信，某種絕對的牛頓時間確實無所不在，並且速度保持一致，不論身在宇宙何處。

　　早在愛因斯坦之前，就已經有某些科學家和哲學家不認同外在的、絕對的時間觀點，也有許多人辯論過時間流動的速率及方向等議題。某些哲學家認為，時間本身是一種幻覺。以下這一則迷你悖論頗有季諾悖論的味道：

　　相信你一定同意，時間可以區分成三個階段：過去、現在與未來。即使我們擁有關於過去的紀錄，也記得曾經發生過的事，「過去」其實已經不復存在了。另一方面，「未來」則尚未發生，所以也可以當作不存在。至於剩下的「現在」，由於被定義為「過去」與「未來」的分界，它是確切存在的。雖然我們「感受」到「現在」是一個與時推移而不斷變換的時刻，並且不斷使未來變成過去，但它仍只是某個瞬間罷了，而非一段持續的期間。因此，持續推移變換的「現在」，僅僅作為過去與未來之間的分界線，我們也不能將它當成一種實質存在的狀態。假如時間的三個階段都不存

在，那麼時間本身就是一種幻覺！

　　相信讀者跟我一樣，對於上述機巧的哲學思辯持保留態度。

　　回到我們的主題上——比較難以證實的是時間的確在「流動」這個概念。對我們而言，要否認這種確實發生的感覺無疑相當困難，但不論這種感覺有多強烈，在科學上是站不住腳的。在日常生活用語中，我們會說「時光流逝」、「時候未到」、「那一刻已成過往」等等。如果讀者思考一下就會發現，根據定義，各種運動與變化量都是根據不同時間點來判定。這就是我們定義變化量的方式。當我們想描述某個程序的進行速率時，我們不是去算每單位時間內事件發生的次數（例如每分鐘的心搏數），就是去算每單位時間內的變化量（例如嬰兒每個月增加多少體重）。然而，要測量時間本身的變化率就變得毫無意義，因為我們無法以時間為基準來衡量時間的變化。

　　為了澄清這一點，我想請教各位讀者以下的問題：假如時間突然變快，我們要怎麼知道？由於我們的存在無法自外於時間，以一個變快的標準時鐘（類似我們體內的生物時鐘）來測量變快的時間間隔，我們永遠無法察覺時間加快了。探討時間流（the flow of time）的唯一可行之道，就是採用某種外部的、更基本的「時間」來度量它。

　　如果這樣的外部時間真的存在，可用以測量「我們的時間」的流速，這麼一來只是將原來的問題推向更根本的層次，而不是解決它。如果時間在本質上會流動，為什麼外部時間不會呢？結果我們還需要一個更基本的時間尺度，來度量外部時間的流速。這個問題

可以一直延伸下去，沒完沒了。

我們無法探討時間的流速並不表示時間完全不流動。也有可能時間本身是靜止不動的，而我們（的意識）沿著它移動──是我們朝向未來移動，而非未來朝向我們靠近。當你從行駛中的火車窗戶往外看，看到高速掠過的田野時，你「知道」它們是靜止的，移動的是火車。類似的情況在於，我們強烈的主觀印象認為，此時此刻（我們稱之為「現在」）與未來某事件（例如下一個耶誕節）正在彼此接近。兩個時刻之間的時間間隔不斷縮短。不論我們說下個耶誕節正在向我們靠近，或者說我們正在往下個耶誕節靠近，指的都是同一件事：我們感受到某種變化。大家都同意這種觀點嗎？恐怕不是。許多物理學家主張，即便這種想法也不正確。

雖然聽起來很奇怪，但物理定律並未觸及任何跟時間流有關的議題。這些定律告訴我們，原子、時鐘乃至於火箭的任何物體受到外力作用下任一時刻的行為；它們也提供計算一個物體在未來某一刻的行為或狀態的準則。然而，這些物理定律完全不帶有任何關於時間流的蛛絲馬跡。物理學裡完全沒有時間消逝或推移這樣的概念。我們發現，時間就這麼存在著，跟空間一樣。它就在那裡。或許我們覺得時間在流動僅僅是一種感覺罷了，不論它有多麼真實。到目前為止，對於我們為什麼會強烈感受到時間的流逝與不斷變換的當下，科學還無法提供一個令人滿意的解釋。有些物理學家與哲學家甚至認為，物理定律一定遺漏了某些東西。說不定他們也許是對的。

好了，我想我們已經談論夠多的哲學。接著回頭來看，根據狹義相對論，時間前進的速率為什麼會改變以及如何改變；如果不搞

定這個問題，我們就無法破解孿生子悖論。

讓時間變慢

讓我們從愛因斯坦的觀點來探討時間的本質。在前一章裡，我描述過彼此以極高速進行相對運動的兩位觀察者對同一物體會測得不同長度。以下的方法讓你一眼就看出時間的量測也會受到影響。讀者對於課堂上學過的一條公式都相當熟悉，也就是速度等於距離除以時間。我們都知道，所有觀察者看到的光速都相同，無論他們之間相對速度為何。如果他們對於同一距離的量測結果不同（如同竿與穀倉範例中的結果），那麼對時間的量測結果必然也各異，如此一來，他們把各自測得的距離除以時間才會得出相同的正確光速。因此，如果其中一位觀察者測得兩點之間的距離為十億公里，並且測出光走完這段距離的時間為一小時；另一位觀察者測得相同兩點之間的距離則為二十億公里（記得前一章的結果顯示，沒有任何兩位進行相對運動的觀察者會量得相同的長度），他測得光從一點走到另外一點的時間也會變成兩倍，如此一來他才會得到相同的光速。就數據而言，第一位觀察者宣稱光以每小時十億公里的速度前進；第二位觀察者則觀測到光費時兩小時傳遞二十億公里，也就是每小時十億公里——與第一位觀察者的結論相同。

如果要求任何人都測得相同的光速，就會迫使我們接受以下的概念：兩個事件（上例中是光踏上兩點間旅程的開始與結束）之間的時間間隔對於不同觀察者而言是不同的——在我看來的一小時，可能是你眼中的兩小時。

　　有鑑於我們都對於理解不同的時間流逝率有障礙，我想再舉一個例子來說服讀者。想像你打開手電筒，朝向天空照射出一束光，而我則搭乘火箭沿著光束方向，以四分之三光速飛離地球。你測量的結果顯示，光束以其從手電筒射出時的四分之一光速（每小時十億公里）離我而去，跟快車超越慢車時相對速度等於兩車速度差一樣。當我從火箭的窗戶往外看，邏輯上你覺得我會看到什麼呢？合乎常理的明顯答案是，我會看到光束以發出的四分之一光速超越我而去。然而，由於愛因斯坦堅持所有觀察者測量到的光都應該以相同的速度傳遞，我所見的光束其實是以每小時十億公里的速度超越我而去，與你見到它從手電筒發出的速度一樣。這正是相對論所預見的結果，過去一世紀以來也已經在實驗室中被驗證達數千次。但是這意謂什麼呢？

　　（請注意：討論光速的量測時我用了「看」這個字。不過，我們如果要看見某物，從它發出的光當然必須到達我們眼裡。這個過程需要時間。因此，當我們說「看見一道光」時，究竟意所何指？是指從光發出的光嗎？「看」這個字在此被我用來描述某種「量測」；以脈衝光為例，指的是記錄它觸發其路徑上量測裝置的精確時間。）

　　當我沿著光束的方向，以你在地球上所見光速的四分之三前進時，怎麼會看到光依然以它從手電筒發出的速度超越我而去呢？造成這個結果的唯一可能，就是我的時間過得比你的時間慢。假設我們的時鐘完全相同，你會看見我的鐘指針移動得比你的鐘慢。不僅如此，火箭上的一切都變慢了，甚至連我的動作都變慢了；與你通訊時，你會聽到我說話速度變慢，聲調也變低沈。但我自身並未感

受到任何改變，也完全不會察覺時間變慢。

　　修過愛因斯坦相對論課程的學生會學到如何按火箭的速度來精確計算時間變慢了多少。事實上，若火箭相對於某觀察者以他所見的光速四分之三飛行，火箭上時間的運行將會比該觀察者的鐘慢百分之五十。也就是說，當觀察者看到火箭上的鐘過完一分鐘，他自己的鐘已經過了九十秒。

　　你可能會認為這種現象只有理論探討上的樂趣，因為我們根本沒有能夠達到這種速度的火箭。不過，即便速度慢上許多，例如阿波羅登月任務（Apollo Moon mission）太空船的飛行速度（約每小時四萬公里），時間效應還是存在的。航行中的鐘與地面上的任務控制時鐘每秒的誤差約為幾奈秒（nanosecond），這個差距雖然微不足道，但確實可以量測出來。稍後我們將會回到這個例子上。

　　我們來看這種效應在另一個真實案例如何扮演重要角色（稍後還有別的例子）。高速前進下時間變慢的現象稱為「時間膨脹」，這個現象已成為物理實驗必須納入例行性考量的要素，特別是牽涉到次原子粒子在「原子對撞機」（atom smasher）裡加速的實驗，例如位於日內瓦、歐洲核子研究機構（CERN）的大型強子對撞機（Large Hadron Collider，簡稱 LHC）。那裡的粒子可以加速到極接近光速的程度，如果未能考量這種「相對論性效應」，實驗結果就不具任何意義。

　　我們從愛因斯坦狹義相對論學到的是，光速恆定表示高速運動下時間會過得比較慢。走筆至此，我必須提出另一個關於時間的爆炸性事實。我們在第三章曾經提到，愛因斯坦其實發表過兩個版本的相對論：一九○五年的狹義相對論與一九一五年的廣義相對論。

在後者的理論中，他修正了牛頓關於重力本質的想法，從更基本的角度出發，改以質量對於周遭時空結構產生的效應來描述重力。

　　愛因斯坦的廣義相對論提供了另外一種使時間變慢的方法，也就是重力。

　　比起不受恆星或行星重力影響的宇宙空無之處，地球本身的重力使地面上的時間過得更慢。由於所有物體都帶有質量，每個物體都位於自身所產生的重力場中。當一個物體質量愈大，其重力對於周遭物體產生的吸引力就愈大，而根據愛因斯坦的理論，對時間的影響也愈大。如果將這個理論應用到地球上的時間，會得到一個引人入勝的結果：我們所處的海拔愈高，地球的重力強度就愈小，時間也會過得愈快。但實際上，這個效應非常微小；若要完全脫離地球的重力場，我們得深入距離地球相當遙遠的太空才行。即便在距離地表四百公里的高度，也就是人造衛星軌道處，重力的強度依然高達地表的百分之九十。（請注意，人造衛星之所以能夠一直繞地球運轉而不會墜落地面，正是因為它們位在軌道上——它們一直繞著地球進行自由落體運動，持續移動而處於失重狀態。）

　　有個令人莞爾的例子可以用來描述重力對時間的效應：如果我的手錶變慢了，有個方法可以校正它，就是將手臂高舉過頭。由於手錶的位置較高，感受到的重力強度略低，會走得稍微快一些。這個效應確實存在，卻太過微弱，這個動作也失去意義。舉例來說，為了使手錶走快一秒，我需要高舉手臂長達數億年之久！

　　在某些情況下，狹義與廣義相對論產生的時間膨脹效應可能會互相抵消。設想有兩個時鐘，一個在地面上，另一個在繞地球軌道運行的人造衛星裡。哪個時鐘比較慢呢？對於地面上的鐘而言，高

速運動使軌道上的鐘變慢，但軌道上的鐘繞著地球進行自由落體運動，感受不到任何重力，所以會變快。哪個效應占上風呢？

圖 6.1 使時間變快

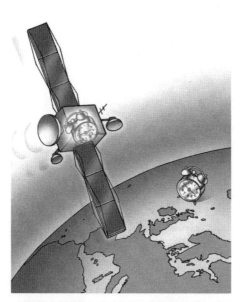

人造衛星上的時鐘走得比地表上的鐘快還是慢？為了得到解答，我們必須了解愛因斯坦的兩種相對論。

這些效應本身聽起來開始有點自相牴觸，不過它們的加乘效果卻在一九七○年代一個出色的實驗中獲得完美的證實。這個實驗如今被稱為「哈弗勒─基亭實驗」（Hafele-Keating experiment），由

兩位美國物理學家負責執行。

在一九七一年十月，喬瑟夫・哈弗勒（Joseph Hafele）與理查・基亭（Richard Keating）在兩架客機上放置了極為精準的時鐘，並且讓他們繞地球飛行一周：一架向東飛行，與地球自轉同方向；另一架向西飛行，與地球自轉反向。之後再將它們與位於華盛頓特區美國海軍天文台的地面時鐘做比較。

相對論對時間的兩種效應，也就是高速移動的鐘變慢與高海拔的鐘變快，必須經過精密測量，還要考慮飛機是順著或逆著地球自轉方向飛行。接著我們來仔細探討這個因素。由於這兩架班機飛行高度相近，飛機上的時鐘都感受到較弱的重力，使它們比地面上的時鐘走得更快。不過東行的班機順著地球自轉方向飛行，因此速度較快（類似順流划船），這個效應會使飛機上的鐘比地面上的走得慢些；西行的班機則逆著地球自轉方向（類似逆流划船），因此搭載的時鐘會比地面上的鐘走得快一點。

在實驗開始之前，所有的時鐘都經過仔細對時。實驗發現，東行的時鐘慢了 0.04 微秒（一微秒為百萬分之一秒，變慢是因為高速前進的效應壓過高海拔重力減弱使時間變快的相反效應），西行的時鐘卻快了將近十倍的時間（0.3 微秒，狹義相對論效應進一步強化重力變弱造成時間加快的現象）。

這實在令人困惑不已，即便最頂尖的物理學家在試圖理解這個結果時都忍不住眉頭一皺。重點在於，在這兩種情況裡，實驗所得的結果都與愛因斯坦理論計算的預測十分吻合。

如今，這些影響時間的效應都已經納入 GPS 衛星的常規設計考量裡，這些衛星能夠標定地表上的任何位置（這也是我稍早允諾會

提到的真實案例）。如果沒有針對衛星上與地面上細微的時間運行速率差異做修正，我們恐怕無法利用智慧型手機或汽車衛星導航定位到我們習以為常的精確度。這種達到幾公尺以內的定位精準度，乃是依據地面裝置發出的信號傳送到衛星再折回所需的時間而定，這個時間差的測量準確度需要達到一微秒的幾十分之一才行。如果忽略相對論，情況會變得多糟呢？相對運動使得衛星上的鐘比地表上的鐘每天慢七微秒左右。缺少重力作用的衛星（別忘了它們一直在軌道上進行自由落體運動）上的鐘，則會比地面上的鐘每天快約四十五微秒。加總之後的淨效應是每天加快三十八微秒。在定位上每微秒的時間差相當於三百公尺的距離，冷落愛因斯坦的結果是衛星每天將會產生十公里以上的定位誤差，而且還會持續累進。

　　走筆至此，我已經介紹完重力以及高速移動使時間變慢的概念。我們接著簡略回顧一下阿波羅登月任務裡的鐘，這對我們思考孿生子問題將有所助益。

　　阿波羅八號是美國阿波羅太空計畫裡的第二次載人任務，也是人類史上第一次離開地球軌道的太空之旅。三位太空人機組員法蘭克・波曼（Frank Borman）、詹姆士・羅威爾（James Lovell）與威廉・安德斯（William Anders）成為首批離開地球遠到能看見其全貌的人類，也是第一批直接目擊月球另一面的人類。在回程中，波曼指出，跟沒有出探月任務的情況相比，他們三個人都多老了一些。更有甚者，他還開玩笑說，他們比地球時間多經歷的幾分之一秒應該要支領加班費才對。雖然金額微不足道，太空船上多出來的額外時間卻真切存在。

　　這個結果看起來與本章探討的主題悖論背道而馳，跟待在地球

上的哥哥相比，進行長途旅行的孿生妹妹愛麗絲回來後反而變年輕了。事實上，這兩個結果之所以相反，正是因為兩種相對論的效應互相角力。總體而言，三位太空人比待在地球上多老了三百微秒。我們來探討這個結果是怎麼來的。

阿波羅八號上的時間究竟過得比地球快或慢，與太空船距離地球多遠有關。在去程的前幾千公里，地球的重力還不夠微弱到使時間加快的效應夠明顯，阿波羅太空船相對於地球的速度便成為主宰因子；它造成時間變慢，所以太空人比地球上的人老得慢。但是當他們航行到距離地球更遠之處，重力減弱使得阿波羅上的時間開始加快，意謂廣義相對論帶來的效應開始壓過狹義相對論。整趟航程加總起來之後，時間加快的效應占優勢，因此太空船經歷的時間比地球上多了一些──三百微秒就是這麼來的。

出於好玩，美國國家航空暨太空總署（NASA）的物理學家仔細檢驗波曼的「加班」時間是否正確，結果發現三個太空人當中只有一人符合敘述，也就是搭乘阿波羅八號進行太空處女航的安德斯。波曼與羅威爾兩人在稍早已經搭乘雙子星七號完成為期兩週的軌道任務。根據計算結果，這段期間的主宰效應為速度所引發的時間減慢，因此他們比地球上的人少老了大約四百微秒。加總的結果他們淨賺一百微秒，比待在地面上還要年輕些。他們不但領不到加班費，恐怕還得繳回多領的薪水！

解開孿生子悖論之謎

我們已經了解重力對時間的影響，接著要回頭探討本章開頭愛

麗絲與鮑伯所遭遇的悖論，並可望將它破解。回想一下，任一方都可以主張真正在運動的是對方，因此對方的時間走得比較慢。鮑勃說，愛麗絲搭乘太空船離開，返回之後變得比他年輕；愛麗絲則認為，先離開再回來的是鮑伯與地球，因此是鮑伯的時間變慢了，他比較年輕。

分析這個問題有幾種方法。當我在薩里大學任教時，我非常享受在課堂上與學生驗證各種不同論點的樂趣，我們首先來檢驗最簡單的一個。

正如我先前所說，真正正確的答案是鮑伯，愛麗絲錯了：當她回到地球時確實比哥哥年輕。我們首先注意到，他們兩個人所面對的情況並非完全對稱。愛麗絲必須加速才能離開地球。如果她沿著直線航行，就必須減速、回轉、再加速，最後到達地球時還需要減速降落。相反地，鮑勃則全程保持等速。即使愛麗絲沿著圓形路徑航行，得以維持等速率，但由於她的方向一直在改變，還是能感受到加速度的作用。因此，這對孿生兄妹的相對運動並不完全對稱：愛麗絲感受得到她的旅程所帶來的效應，而鮑伯仍待在緩慢旋轉的地球。不過這點並無法讓我們一眼就看出她老化變慢的原因。

有個方法可以探討這個問題，不需牽涉到加速或減速。愛麗絲從宇宙中出發，並在通過地球之前達到預定的速度。在通過地球的那一刻，她與鮑伯的時鐘對時。她以等速直線航行，然後在某一刻，她在沒有經過加減速的情況下瞬間掉頭往地球返航（我知道這種情況不符現實，請讀者先耐心讀下去）。這是物理學家所謂的「理想狀況」——在現實中不可能發生，但這種有效簡化也不算錯誤。透過孿生兄妹各自測量的愛麗絲的航行距離，我們得以分析這

個問題，因為愛麗絲老化變慢可以藉由長度收縮來加以解釋。

假設愛麗絲的折返點是南門二（Alpha Centauri），距離地球四光年（亦即它發出的光需要四年才能到達我們這裡，反之亦然）。如果愛麗絲以二分之一光速航行，那麼根據鮑伯的計算，她完成這段距離需要耗去光的兩倍時間，也就是八年，往返共需耗時十六年。然而對愛麗絲而言，由於其速度所帶來的相對論效應，她所需要航行的距離縮短了。更正確地說，是南門二朝向她接近的速度所造成的效應，因為她可以合理宣稱太空船一直處於靜止。於是在她看來，旅程往返（也可以說是地球遠離再接近她）所耗的時間顯然將會短於鮑伯所經歷的；當她的目的地變近，旅程所耗的時間也會縮短。

現實狀況下的愛麗絲當然不可能瞬間掉頭，她必須減速，回轉，然後再度加速。我們需要用到另一種使時間變慢的方法，也就是廣義相對論帶來的效應。但是她並不一定會受到萬有引力作用呀！在這個例子中，我假設她在南門二折返，可並非如此不可。愛麗絲可以在宇宙中任何空洞之處折返，不受任何重力場的作用。因此，還有一個愛因斯坦的想法是我們最後不能遺漏的。

愛因斯坦畢生最滿意的點子

你是否曾想過，為什麼我們要用 g 力來描述高速行駛的汽車或噴射機所承受的加速度？我們會說，某個賽車手在加速、煞車或高速過彎時承受數個「g」的力道。「g」是重力（gravity）加速度的縮寫，凸顯出加速度與重力之間極為重要的關聯。我們都非常熟悉

以下的感覺：當你坐在即將起飛的飛機上，隨著飛行員將引擎開到最大馬力，你首先聽到引擎的轟隆聲，接著飛機開始在跑道上急遽加速，你則是被推向椅背，直到機鼻拉高爬升進入天際。如果你在完成起飛之前試著把頭前傾離開頭枕，就會感受到一股將頭壓回去的力量。這種阻力很像躺在床上時，頭部重量往下壓在枕頭上的感覺。事實上，如果飛機的加速度達到一個 g，這種感受就會完全相同。加速度的效果與重力類似。

愛因斯坦在廣義相對論建構完成的幾年前，想到上述的等效性。他給它起了一個平淡乏味的名字，叫做「等效原理」（Principle of equivalence）。他日後說，在「我想到了！」的那一刻，他得到畢生最令他開心的點子。這也顯示出愛因斯坦無時無刻不全神貫注於科學上。他思考過物體處於自由落體狀態的物理意涵。我們在雲霄飛車俯衝時盡力忍受的那種失重感，其實正是這種等效性的最佳表現；只有在放棄抵抗地球重力場的當下，我們才會感受不到它的力，向下的加速度彷彿抵消了我們的重力體驗。

愛因斯坦進一步指出，所有重力對空間與時間產生的效應都會出現在加速中的物體上。如果你坐在太空船的椅子上，而太空船正以 1g 的加速度在宇宙裡飛行，那麼你的感受會和椅背貼在地面上的感覺沒有兩樣。在這兩種情況下，你都會承受相同的力道將你壓在椅背上。這個想法是關鍵，因為它意謂加速度與重力場一樣，也會使時間變慢。情況確實如此。當你歷經加速與減速，其效果就如同置身於重力場裡，還會與地心引力產生的效應相加乘。

現在，我們終於要徹底平息孿生子悖論的爭議了。愛麗絲之所以變得比鮑伯稍微年輕，是因為承受加速與減速的人是她。無論旅

圖 6.2 使時間變慢

以接近光速繞圈圈奔跑，會使你的時間變慢。

程是否直線往返，根據廣義相對論預測，加速與減速期間她的時間
會走得比較慢。事實上，如果循著之字形路線飛行，當她變換方向
愈多次，所需承受加速和減速的時間就愈長，旅程經歷的時間也就
愈短。

盯著時鐘

　　我想我們大可就此打住。孿生子悖論（偶爾被稱為時鐘悖論）

終究並不存在，因為他們倆穿越時空的「旅程」是不對稱的。但是有個值得追究的問題：如果兩人在旅程中能夠互相傳遞訊息，他們各自會看到什麼？

　　愛麗絲與鮑伯可以約定，彼此照著自己的鐘，每隔一段固定的時間就發送一道光信號給對方。如果他們每天在同一時刻發送一次光信號，結果會如何？在愛麗絲的去程期間，他們彼此高速遠離，由於狹義相對論的時間效應，兩個人收到對方信號的時間間隔都會超過二十四小時。除此之外，每道光信號需要比前一道傳送更遠的距離，因此會在時間變慢效應之外再產生額外的時間延遲。後者與引發都普勒偏移（Doppler shift）（由於聲或光的波源移動，導致波的頻率或音高改變）的原理相同。

　　除此之外，當愛麗絲減速、加速或改變方向，她的時間都會變得更慢，她的信號抵達鮑伯的間隔也更久。最後，特別有趣的是她的回程，在去程中相累加的兩種信號遞延效應，到了回程變成相對抗。雙胞胎彼此之間高速的相對運動，使得他們測量到對方的時鐘都比自己的慢，但隨著彼此逐漸接近，他們發送出去的光信號所走的距離也愈來愈短，於是這些信號開始密集地抵達。計算結果顯示，這種信號密集化（週期短於二十四小時）的效應勝過時間變慢所引發的效應，因此他們會看到對方的時鐘變快了。事實上，他們也會發現對方的動作更快速地進行。不過在考慮所有因素之後，最後結果還是愛麗絲返回地球時比鮑伯年輕了些。

　　關於這個悖論還有什麼沒說到的嗎？噢，有的，最後要講的是愛麗絲賺到的部分。如果愛麗絲按照自己的時鐘完成一年的太空之旅回到地球，這段期間地球上已經過了十年，她不就等於進行了一

趟時光之旅，進入九年後的未來嗎？

窮人的時光之旅

　　許多人會爭辯，使時間變慢並非真正的時光旅行。難道這會比暫停播放動畫甚至睡著還要令人印象深刻嗎？如果你不小心睡著，醒來以為只睡了幾分鐘，看手錶之後竟發現睡了好幾個小時，是不是也有點像前往未來的時光旅行呢？

　　但我認為，相對論的時間變慢遠比上述情況更引人入勝，而且是貨真價實的時光旅行，雖然只能算是窮人的版本。你也許會認為，時光旅行成功抵達未來意謂著未來已經出現，並且與當下並存，正在等待我們的到訪。我的意思並不是這樣。實際發生的狀況是，在愛麗絲離開的期間裡，未來不斷在地球上成為現實。愛麗絲的遭遇不過是因為她所循的時軌與地球不同，她經歷的時間比較短。就某種意義來說，她像是快轉到未來，比別人率先抵達。至於愛麗絲打算前往多久之後的未來，完全取決於太空船的速度以及航行路徑的曲折程度。

　　真正的問題來了：如果愛麗絲回到地球後並不喜歡所見的一切，有什麼辦法能讓她回到原來的時間嗎？當然，她需要藉助時光旅行回到過去，不過這卻是完全不同的兩碼事。這個問題將引領我們前往本書中唯一的真悖論，詳情請見下一章分曉。

7 祖父悖論
回到過去殺害自己祖父，意謂你不會出生

　　如果你能夠回到過去，並且在你的外祖父遇見外祖母之前將他殺害，你的母親就不會出生，你也不會。但假使你從未出生，你的外祖父也不可能被殺害，他會活下去遇見你的外祖母，而你終究會出生，再回到過去殺害他，依此類推。這個論證會不斷沿著自相矛盾的循環繞圈圈。看來你無法殺死外祖父，因為你一直存在。

　　這是一個經典的時光旅行悖論，可以用許多不同的形式呈現。比如說，我總是感到困惑，為什麼你需要長徒跋涉回到久遠之前的過去殺害外祖父，而不是你的母親或父親？也許跳過一個世代可以使這個悖論顯得不那麼可怕。悖論其實也不需要如此殘暴，不過從以前流傳下來的情節就是如此，我猜或許是因為源自比較暴力的年代吧。舉例來說，有個比較溫和的版本：你建造了一部時光機，利用它回到過去，並且在啟用的那一刻前摧毀它；如此一來，現在的你就無法回到過去摧毀這台機器。

　　這個悖論還有另一種呈現方式。一位科學家在他的實驗室書架上找到建造時光機的說明書。他按圖索驥打造了一部時光機，並且在一個月後使用這部機器，帶著這份說明書回到一個月之前。他把手冊放在實驗室的書架上，讓比較年輕的自己能夠找到。

　　跟祖父悖論一樣，在上例中未來很顯然已經預定好了，而我們不再有任何抉擇的自由。在第一個悖論中，你無法殺害祖父，因為為了確保你的存在，他必定能逃過任何謀害其性命的劫數。在第二個例子中，科學家必定會打造出時光機，因為他已經／正在／將要這麼做（在探討時光旅行時，時態不免顯得有些混亂）。但如果他發現說明書上的附註，說明未來的自己會經由時光旅行把說明書放在書架上，於是他決定不建造時光機，而且還將說明書銷毀，又將會如何？

　　這個故事中還隱含另一個容易被忽略的悖論：用以建造時光機的說明書似乎從來不曾被製作出來——它被找到，利用，然後又還回去，陷入一個不斷循環的時間迴圈裡。建造機器的資訊究竟從何而來？墨水的原子又是怎麼如此美妙地排列在說明書的紙頁上？製作說明書需要知識與智慧，但它似乎陷入了邏輯上毫無矛盾的迴圈，隨著現實時間往未來前進，然後經由時光機回到過去，沒有跳出迴圈的機會。更重要的是，也沒有任何切入迴圈的起始點，或是說明書製作出來的那一刻。

　　近年來，透過眾多科幻小說和電影，大家已相當熟悉時光旅行回到過去的概念，像《魔鬼終結者》以及《回到未來》等賣座電影就是最好的例子。多數人都很樂意暫時擱下內心的疑竇（確實理應如此），以免破壞看電影的興致。但如果那就是你想要的時光旅行，恐怕你很容易會讓自己陷入邏輯上的混亂。

　　還有第三個、也是最後一個我們需要解決的悖論：時光機的運用違反質量與能量守恆定律。例如，你可以回到五分鐘前的過去遇見當時的自己，於是有兩個你同時存在。在那一刻，你的身體突然

圖 7.1 時光旅行引發的悖論

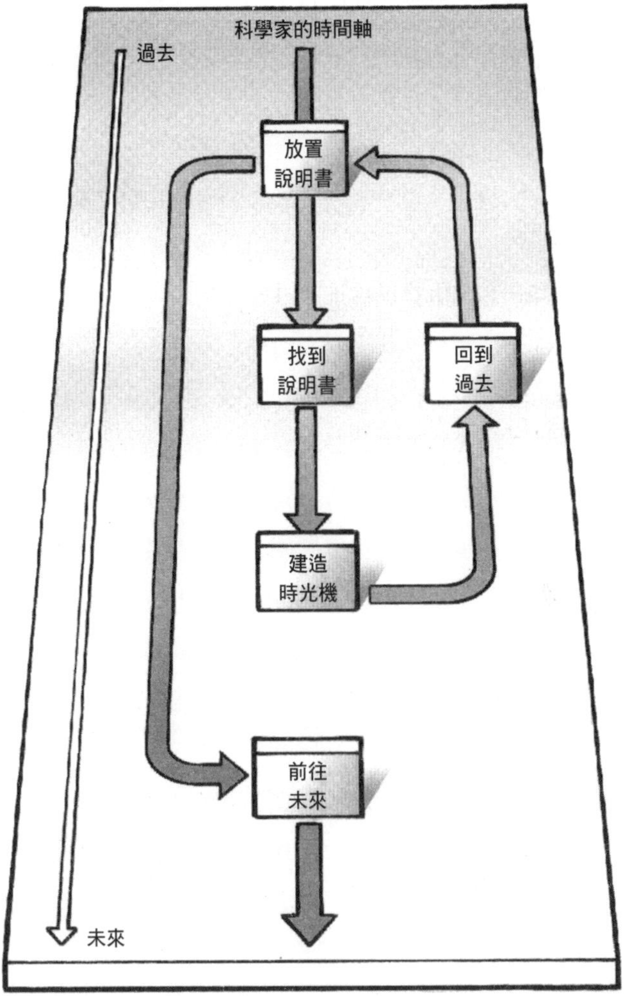

憑空出現，為宇宙增加額外的質量。這邊要特別小心，我們談的並不是次原子物理中著名的「粒子對生成」現象；這個現象指的是，一個粒子與其反粒子搭檔（即該粒子的某種鏡像）從單純的能量中創生出來。來看一下，在你抵達過去的瞬間，並沒有多餘的能量能夠補償你的倏然出現。我們確實違反了物理學其中一個核心原則：熱力學第一定律；說成白話就是，「你無法憑空不勞而獲」。

有些人提出時光旅行悖論的解決之道，就是時光旅人無論如何無法參與過去的事件，僅能以旁觀者的身份出現。在這個解決方案裡，我們僅能回到過去觀看事件的進展，像看電影一般，身處於各種進行中的活動卻不會被身旁的人看見。不幸的是，這種被動形式的時光旅行雖然看來不會造成矛盾，卻更不可能實現。為了要看見外物（正如時光旅人造訪過去會看到周遭發生的事件），光子（也就是光的粒子）需要由標的物傳送到觀察者的眼睛。接著它們必須引發視網膜上一連串的電與化學機轉，最後觸發神經衝動信號，傳送到大腦加以詮釋。這些光子已經與所見的物體產生真實的交互作用，並且攜帶這些物體的相關資訊進入觀察者眼裡。事實上，在微觀尺度下，觀察者若要透過觸摸、感覺或任何方式與過去產生互動，他必須能夠與周遭環境交換光子才行。在基本層次上，現實世界中兩個物體間的任何接觸與聯繫都透過電磁力進行，而電磁力牽涉到光子的交換。我不想說得太深奧，但結論是這樣：如果你看得見某物體，你應該也摸得到它。假如我們可以回到過去觀察事件的演變，應該也能有所互動，並且還能充分參與這些事件。

如果想要避免干預歷史所引發的各種悖論，就需要運用別的方法才行。

如何回到過去

　　基本上有兩種方式可以回到過去。第一種是跨越時間向過去傳送資訊，這種型態的時光旅行成為科幻小說家葛列格里・班福德（Gregory Benford）在一九八〇年出版的小說《時景》（*Timescape*）的故事靈感來源。這部小說描述相隔數十年的科學家之間彼此通訊，一群研究人員在一九九八年向一九六二年傳送訊息，預告即將發生的生態災難。他們是透過一種假設性的次原子粒子，稱之為迅子（tachyons）。愛因斯坦的相對論預測這種粒子的存在，但是由於它的一些奇特性質，一直以來它只出現在科幻小說中。比方說，迅子是一種傳遞速度超越光速的粒子（其名稱源自於希臘文tachys，意謂「迅速」。它在一九六〇年代獲得此名，而且還被認真研究了好一段時間）。因此，它一定也能前往過去。

　　一九二三年，一位英國裔加拿大生物學家瑞吉諾・布勒（Reginald Buller）在《攀趣》雜誌（*Punch*）出版了一首有趣的打油詩，正好可以描述上述的意涵：

　　一位名為光明的年輕女士

　　她快過光速

　　某天出門

　　她踩著相對論的步伐

　　返回時竟是前一天深夜

　　我們稍後將回頭探討為何如此，以及如何做到。

　　回到過去的另一種方法如下：沿著一條在你這位時光旅人看來是順著時間行進方向的路徑前進，你的時鐘也正常運轉，但這條路徑在「時空」中卻是彎回來的，一直循著走下去會回到你的過去。這就如同搭乘雲霄飛車沿著環狀軌道繞圈圈一樣。這種迴圈在物理學上稱為「封閉類時曲線」（closed time-like curves），近年來在理論物理界受到密切的研究。

　　既然已經提到迅子和類時曲線，就表示我不會立刻草草了結時光旅行的悖論。要這麼做實在太容易了，直接主張透過時光之旅回到過去（與前一章探討時光旅行前往未來截然相反）在邏輯上行不通即可，本章立刻成為短命的章節。相反地，我打算在已知物理學定律的範疇內，試著解決這些目前碰到、難搞的科學悖論。我之所以認真看待，是因為大家在上個世紀中旬就已經知道，愛因斯坦相對論其實容許時光旅行回到過去的可能。儘管這種可能性必須基於某些特定條件，而且還是數學上的離奇結果，不過你還是會感到驚訝。狹義相對論揭示了第一種時光旅行方法如何可行（亦即透過超越光速的傳播而產生因果逆序現象），而廣義相對論則容許第二種方法存在，也就是藉由類時曲線達成「傳統」概念上的時光旅行。一九四〇年代與愛因斯坦在普林斯頓大學共事過的邏輯學家庫爾特‧哥德爾（Kurt Godel）已經透過數學計算證明，這種時光旅行回到過去的方法至少在理論上可行，而且不違反任何自然定律——除了我們所面臨的悖論之外。如果要挽救愛因斯坦的聲譽，我們就非得正面挑戰這些悖論不可。

超越光速

我們首先來探討，為什麼超越光速的時光旅行能夠回到過去。我會利用第五章穀倉與竿的情境來說明。回顧一下，當你站在穀倉裡，看著跑者扛著一支長度收縮的竿，逼近光速向你迎面跑來。對你而言，竿比穀倉短，因此可以同時關上前門與後門，短暫地將竿關在穀倉裡。原則上，你甚至可以在竿尾進入之後隨即關上前門，再關上後門——因為竿的長度小於穀倉，在竿尾進入穀倉（並關上前門）到竿頭抵達穀倉後側（後門必須再次開啟讓竿通過）之間，會有一段短暫的時間。在這段一瞬即逝的時間裡，你可以關上後門。再重複一次，在你的參考座標系中，關上穀倉前門之後才關上後門是有可能的。

現在，假使穀倉後門的關閉受稍早的前門關閉所觸發，將會如何呢？事件的順序固定如下：因為前門關上（前因），導致後門關上（後果）。這種因出現在果之前的必然性稱為「因果律」（causality），是自然界的核心概念。在原因出現之前就先看到結果，不但違反因果律，還可能導致各種邏輯上的矛盾。例如，假使我打開開關點亮一盞燈，我的動作就是因，房間獲得照明則是果。但假使有另一名觀察者以接近光速行經我身旁，在我觸動開關之前就已看到燈光點亮。原則上，他可以在看到燈亮之後阻止我開燈的動作。因為根據「同時性的相對性」（relativity of simultaneity）原則，兩位以接近光速進行相對運動的觀察者，所見到的兩個事件之間的時間間隔不但會有所不同，如果這兩個事件在時間上靠得夠近，有時候兩人所看到的事件順序甚至可能顛倒。這類的因果逆序

矛盾，正是訊號超過光速傳播時會發生的情形。

　　為了了解得更透徹，我們再度回到竿與穀倉的例子。還記得跑者看到的是一個壓縮變短的穀倉，因此他的竿永遠不會完全進入穀倉中。在他的座標系裡（每個部分都跟你站在穀倉的座標系一樣真切），兩扇門的開關必須遵循一定的順序——後門必定要先關上之後，再度開啟讓竿頭通過，接著前門才關上。關門事件只有按照這個順序才能使竿順利通過穀倉，同時允許每扇門在某個時刻短暫關上。然而，如果後門只會在前門傳來關閉的信號之後才會關上，那麼跑者看到的就是事件發生順序前後錯置，果先於因。我們碰到麻煩了。

　　別擔心，相對論能夠完美地解釋這一切，而且有紮實的數學計算做後盾。設想以下的情境：你建立一個實驗裝置，當你在地球上打開開關，月球上就會發出一道閃光。光需要費時 1.3 秒左右才會走完地球到月球間的距離，如果你送往月球的信號是以光速傳播，那麼你會在 2.6 秒後在望遠鏡裡看到閃光（所需的時間等於光的往返旅程）。但是，如果你送出的信號傳遞得比光還快，會發生什麼事呢？假設 2 秒鐘之後你就看到閃光，這意謂你從打開開關到從月球發出閃光之間只花了 0.7 秒（即 2 減 1.3）。這一切聽起來完全合理，但相對論卻告訴我們在自然界不會發生這個現象。

　　為了徹底相信這些想法，讀者必須自己仔細思考過才行。或者，你也可以直接接受我所說的一切。在搭乘接近光速的火箭前往月球的觀察者看來，月球上的閃光在你打開地球上開關之前就出現了。然後他們可以發送一道比光還快的信號給你，告知他們已經看到月球上的閃光。對你來說，它就成了從未來往回傳送的信號，使

你得以在開關尚未打開之前就收到。然後，你可能就決定不打開開關了。避免這種情況發生的唯一辦法，就是排除超光速信號傳遞的可能性。

這就是為什麼物理學家會相信沒有任何物質能夠傳遞得比光還快，因為這麼一來將導致真正的悖論出現。我認為，這一點已經足以排除第一種時光旅行的方法了。

但是沿著類時曲線在時空裡繞圈圈的構想呢？

方塊宇宙

為了更容易將時空路徑視覺化，我要來介紹方塊宇宙的概念。這是一種簡單而深入的方法，能夠幫助讀者建立空間與時間的統整化圖像。

將宇宙想像成一個巨大的方形盒子。接著，如果我們想加上時間的維度，該怎麼辦？這會產生一個總共有四個維度的時空，稱為「方塊宇宙」（block universe）。由於我們無法想像四個維度的模樣，如果要使這個構想具有實用性，就必須進行一些顯而易見的簡化：我們犧牲其中一個空間維度，將三維空間壓扁成二維空間，成為方塊宇宙中的側切面。於是垂直於該切面由左至右的第三個維度就可以用來作為時間軸。可以把它想成一條巨大的切片吐司，每一片都是整個宇宙在某一刻的快照，連續的切片對應到連續的時間。這不是一種非常精確的講法，因為宇宙空間是三維而非二維，但它確實是一種將時間軸視覺化的有效方法。圖 7.2 顯示這種類比如何幫助我們想像方塊宇宙。

　　這張圖簡潔之處在於，宇宙中某時某處所發生的事件，都可以用方塊中的某一點（圖 7.2 中的 x）來表示。更重要的是，我們得以看見時間整個在我們面前展開——與風景（landscape）對照，這是一種時景（timescape）——無論過去或未來的所有事件，都在這永恆而靜態的方塊宇宙中共存。

圖 7.2 方塊宇宙

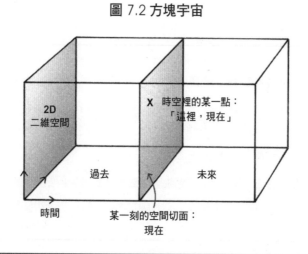

　　但是，方塊宇宙是否與現實相關，或者只是一個有用的視覺化工具？我們如何將這個靜態的時空模型與時間「流」的真實感受做連結？物理學家有兩種方法來看待這件事。常識告訴我們，我們的「現在」是一片空間切面，過去的宇宙在切面左側區域，未來的宇宙在右側。這種看待宇宙整體存在的觀點，將時間的過去、現在和

未來整個展開並靜置在我們面前，這在實際上不可能發生，因為我們不能自外於自己的宇宙。我們的「現在」在時間軸上由左向右移動，從這個瞬間變換到下一個，從這片吐司到下一片，像在電影中不斷變換的畫面。

另一種方法是揚棄任何關於當下的概念，讓過去、現在和未來同時存在，所有曾經發生過或終將發生的事件都在方塊宇宙中並列。在這種物理圖像中，未來不但已經命定，也已經存在，跟過去一樣無法改變。

事實上，方塊宇宙已經遠不只是一種便利的視覺化方式。愛因斯坦的相對論描述真實的宇宙空間與時間彼此交織，而這種交織必然會帶來上述觀點。試想兩個個別事件 A 與 B，兩者之間可能有或沒有因果關係，其中 A 在 B 之前發生於不同地點。在愛因斯坦出現之前，根據人類對空間和時間的理解，會認為 A 與 B 之間的空間距離與時間距離彼此並不相干，而且所有觀察者量測的結果都相同。然而愛因斯坦已經揭示，兩位進行相對運動的觀察者，對時間與距離這兩個物理量的測量結果都不一致。但若將這兩者結合成「時空」，我們會發現，方塊宇宙裡所有觀察者所測得這兩個事件之間的單一「距離」都會一致，這個距離是空間與時間的綜合體。只有在「時空」裡，我們才會得到某些一致的絕對數值。這在相對論中相當關鍵。當然，在本章裡引起我們興趣的不是這些，我只是覺得應該提一下，說明方塊宇宙並非只是因為好玩而被編造出來。

方塊宇宙中所有時間共存，時光旅行的概念似乎變得更可能實現。假如我們回到過去某個特定的時刻，在當時的人看來，我們是從他們的未來進入他們的現在。對他們來說，未來與現在一樣真

實。更何況，我們的「現在」哪有比他們的更特別？我們不能宣稱我們所處的當下才是真正的「現在」，而他們只是自以為生活在「現在」。如果我們想像，時光旅人從未來來到現在拜訪我們；對他們來說，我們才是過去。所以，我們的未來和過去（事實上是所有時間）必定一起存在，而且同樣真實。這正是方塊宇宙模型所告訴我們的。

方塊宇宙中的時光旅行

就根本層次來說，沒有人確實知道時間如何「流逝」，如果它真的在流逝的話。但至少我們可以給它一個方向，也就是時間箭頭（arrow of time）。這個抽象概念讓我們可以定義事件發生的順序。時間箭頭從過去指向未來，從稍早的事件指向稍後的事件。按照這個方向，事件依序發生，你可以把它想成是熱力學第二定律加諸在我們世界裡的方向。它就像 DVD 播放器「播放」鍵上的箭頭──即使你可以隨意快轉或倒帶，電影依然需要按照某個特定方向播放，而非其他方向。

有了這樣的限制，方塊宇宙看起來變得有點像是一部龐大的 DVD 影片，我們可以隨意從某個時刻跳到過去或未來的另一個時刻。在其中並沒有真正的當下，因為電影中的每個時間點都與其他點一樣真實；它們是並存的。那麼，是否有可能用同樣的方式來操控真實宇宙中的時間？所有過去與未來的時間是否真的「存在」於某時某刻，並且不斷地進行，因此與我們認知中的「現在」同等真實？果真如此，我們要如何移動到那些時候呢？這是關鍵問題。我

們可以在空間中由某一點移動到其他任意點，為什麼不也跨越時間移動呢？

時光旅行悖論的可能解答

當物理學家無法驗證理論裡的預測時，他們有時候會採用所謂的「臆想實驗」；這種理想化的虛擬情境不違反任何物理定律，但是太過假想性或者無法實現，所以無法在實驗室中真的進行。其中一個例子是「撞球檯時光機」。有了它我們可以探討，一個物體如果回到過去碰見自己會發生什麼狀況。數學預測的結果會如何？

這個實驗的構想如下：一顆球掉入撞球檯的球袋裡。該球袋經由時光機通往附有彈射裝置的另一個球袋，當球掉進原來的球袋之後，便會被彈出到稍早的撞球檯上，讓它有機會與進洞前的自己發生碰撞。

在這個臆想實驗中，如果我們一開始就只容許不會產生矛盾的情況，那麼某些悖論其實可以輕易避免。物理學家把這些情況稱為「一致解」（consistent solutions）。一顆球能夠回到過去，從另一個球袋裡蹦出來，將稍早時候的自己撞離原本的路徑，但仍然使其掉進那個洞裡，接著讓它再啟動時光之旅回到更早的時刻。球從球袋彈出、與稍早的自己碰撞卻未能進洞，這種情況則不容許發生，因為這會產生悖論。

所有時光旅行悖論的基本想法如下：我們宇宙裡的過去只有一個獨一無二的版本。它已經發生了，無法改變。原則上，我們可以回到過去並且隨心所欲干涉歷史，前提是所做的任何事只會帶來

相同的結局。我們永遠無法改變歷史，因為我們是宇宙組成的一部分，帶有過往事件的記憶。已經發生的事基本上無法改變。

我們甚至能構想出以下情境：正是因為回到過去的時光旅人涉入昔日的事件，才會使事情變成我們已知的結果，正如撞球檯時光機所發生的。

那麼，如果堅持只容許時光旅行的「一致解」，是否能幫助我們解決所有悖論呢？答案是一聲響亮的「非也」。「一致解」表面上看來非常誘人：你可以回到往日與年輕的自己見面，前提是你還記得在過去某時刻年長的自己曾經來訪過。如果你不記得，那麼會面就不曾發生過，也永遠不會發生。同樣地，在較為暴力的祖父悖論裡，你無法殺死祖父，因為你的誕生並成為時光旅人就是行動失敗（無論原因為何）的證明。

然而，這並不能幫助我們避開上述的其他悖論，例如落入時間迴圈裡卻從未被製作出來的時光機說明書。（這個例子唯一的解套方法是年輕版的科學家發現說明書，在閱讀之前就銷毀它，然後自行發展出建造時光機的方法，並且撰寫出一模一樣的新說明書，帶著它回到過去放在書架上。你看，光是要求科學家在讀過說明書後銷毀它是不夠的，因為這麼一來建造時光機的資訊就會落入時間迴圈當中。）

還有，一致解的論點依舊無法解決時光機及其承載物突然出現在過去、違反熱力學第一定律的問題。它們必須與當時宇宙中的質量與能量相加，即便是從未來「借」來的。

真正的時光旅行需要多重宇宙

　　到現在為止，我們已經探討了大部分關於時光旅行的理論。且讓我們來看一下過去半個世紀以來，理論物理學當中最引人入勝的離奇構想——平行宇宙。這個構想的原意是為了解釋量子世界中一些更加離奇的現象與推論，包括原子為什麼可以同時出現在兩個以上的位置，並且能夠依照量測方式的不同而表現出粒子（侷限在微小區域內）或波動（會傳播開來）的性質；還有為何兩個粒子似乎能進行即時的信息溝通，即便是位於宇宙的兩端。這些現象本身看起來就自相矛盾，我們在第九章遇見薛丁格的貓時，會再回頭來探討這些問題。本章關於平行宇宙最有趣的部分在於，它與時光之旅可行性之間的關聯。

　　平行宇宙最原始的構想名為量子力學的「多世界詮釋論」（many worlds interpretation），根據這種詮釋，一旦次原子粒子面臨兩個或多個選項可供選擇的情況，整個宇宙便會分化為與選項數目等量、數個平行存在的實體。據此觀點，有無限多個宇宙同時存在著，它們與我們所居住的宇宙或多或少有些差異，差別的程度取決於它們在多久前從我們的宇宙分支出去，而這些宇宙每個都跟我們的一樣真實。這乍看之下簡直是個瘋狂的想法，但若與量子物理一些同等瘋狂的意涵並列，它確實具有相當的可信度。

　　多世界詮釋論數十年來一直僅是物理學中的理論以及科幻小說裡的情節。截至目前為止，任何支持平行宇宙確實存在的實驗證據並未被找到，我們也無法與其他任何平行的宇宙取得聯繫。看起來似乎不可能有空間容納這些多出來的宇宙，畢竟我們自己的宇宙可

能就已經無窮大了，其他的宇宙能藏在哪裡？我們可以把它們想成是彼此重疊的方塊宇宙。它們共用相同的時間軸，但是每個宇宙都有自己的空間維度；它們彼此重疊在一起，但在量子尺度之外，彼此之間卻又毫無任何交互作用。

到了最近，宇宙不斷分支的多世界構想被一個更複雜的理論取代，也就是量子多重宇宙（Quantum Multiverse）。依其設想，宇宙並非一直誕生出許多副本，相反地，原本就已經存在無窮多個共存與重疊的平行宇宙，而且每個都與其他一樣真實。我們的方塊宇宙突然間變得非常擁擠。原本的單一方塊宇宙只有一種靜態的固定未來，相較之下，多重宇宙的構想具有一些優勢。所有未來的可能性再度開放，我們也得以重獲自由意志。我們接連做出的抉擇，等於在所有可能的時空當中決定出一條路徑；而我們所處的宇宙，最終就是由這條選定的路徑定義出來的。有無限多種可能的未來供我們選擇，意謂著多重宇宙裡有無限多個共存的宇宙。

於是，真正的時光旅行突然間成為可能，因為我們的時空只是無限多種未來與無限多種過去的其中一種。要回到多重宇宙中的過去，方法與前往未來沒什麼兩樣；就像有許多種未來可供選擇，也有許多種過去可供我們探訪。時光之旅是沿著某條時間迴圈前往其中一種可能的過去，這意謂回到過去的類時曲線幾乎會無可避免地將我們送進某個相鄰平行宇宙的過去。這麼想好了，如果你回到從前，並且試圖重複相同的動作以便做出相同的抉擇，無論你多麼努力，這次總會有某些環節變得跟上次不一樣。不一定是因為你稍微改變了抉擇，而可能是因為受到某些地方其他因素的影響，你走上另一條穿越時空的路徑，未來因此改變；你將會前往一個略有不

同的未來。同樣情形發生在回到過去的狀況：你絕不會回到自身宇宙的過去，可能性微乎其微。極有可能的是，你會回到某個宇宙的過去，而這個宇宙幾乎和你原來的宇宙一模一樣。事實上，以每個宇宙的複雜性，你幾乎不可能分辨出這個宇宙與你原來宇宙的差異——直到你開始干預它為止。

　　一旦到達那裡，你可以隨心所欲改變過去，因為它已經不再是屬於你的過去。你所前往的平行宇宙裡發生的事件，並不需要與你原來宇宙裡的結局一致。不過記住一點，要找到回到自己原本宇宙的路機會非常渺茫，實在有太多種可能的未來可選了。

　　接著讓我們來看，多元宇宙理論如何破解祖父悖論，以及其他時光旅行產生的矛盾。我們從最原始的版本開始。現在，你可以在抵達的新宇宙裡殺掉自己的祖父（這仍然不是件好事）。結局是，你在那個宇宙裡永遠不會出生。

　　科學家和時光機說明書的例子也能獲得澄清。穿越時光的科學家進入另一個平行宇宙，在那個宇宙年輕的他可以選擇是否運用該說明書來建造時光機。由於他絕不會成為那位踏上時光之旅的科學家，並不會產生任何矛盾。

　　即便是質能不守恆的問題也得以解決，因為它不再單獨適用於各個宇宙，而是整個多重宇宙。構成你的能量與質量只是從一個宇宙移動到另一個宇宙，整個多重宇宙中的質能總和並未改變。

連結各個宇宙

　　在多重宇宙模型裡，我們還沒有解決的一個棘手問題是因果

律。上述的解釋看起來意謂著，你所前往的平行宇宙已經事先知道你會出現。由於時光機產生出來的旅途終點（在不同的宇宙裡）在時間上比出發點早，不僅你的突然到來必須滿足宇宙中的物理定律，而且你所做的抉擇與所引發的後續改變，在你沒有回到過去的情況下都不會發生。這真的會修正你返回自身宇宙過去的情況所帶來的矛盾嗎？看起來另一個平行宇宙裡已然發生的事件，迫使處於現實宇宙中的你在未來必須要回到過去。如果因與果分別屬於不同的現實世界，綜合來看因果律是否可以違反？聽起來依舊難以捉摸，是吧？

　　有個解決之道，不過需要時光機已經建造完成並啟用才有效，而且不只在你這一頭，連要前往的那一頭（在過去）也要。於是，兩個宇宙之間便順著時間方向連結起來。連結一旦建立之後，就能允許宇宙之間的雙向旅行。廣義相對論裡有一種方法能夠將我們的宇宙與另一個平行宇宙連接起來（至少在理論上如此）。這種方法稱之為時空蛀孔（space-time wormhole）❸。

　　蛀孔是一種假設性的時空結構，一般認為並不存在於現實世界中，但由於理論的容許（而且還是目前關於時空本質的最佳理論），我們最起碼可以享受一下它**可能**存在所帶來的樂趣。蛀孔與其近親「黑洞」的不同之處在於，現今大多數物理學家與天文學家

---

❸譯註：wormhole 一般直接翻譯成「蟲洞」，本書則採用葉李華教授的譯法，將其翻譯為「蛀孔」。「洞」在中文裡隱含只有一個開口的意思。wormhole 的本義則是，若蟲子將蘋果蛀穿，就能利用這個通道當捷徑，從蘋果的一端鑽到另一端，而不必爬過蘋果的表面。space-time wormhole 也是兩個不同的時空位置之間的捷徑通道，因此譯為「蛀孔」在意義上較為貼切。

都十分確信黑洞確實存在於太空中。當物質受到驚人的壓力壓縮成極小的體積，就有可能會形成黑洞，例如坍縮的恆星或星系的中心等。然而，蛀孔只能在非常嚴苛的條件下形成，而且一般並不認為這些條件在我們的宇宙中自然存在。不過至少在理論上，蛀孔是一條穿越時空的捷徑；它從我們的宇宙出發，可以連回它裡頭另一個截然不同的時間和地點，或者連到另一個平行宇宙裡。它是一條可望讓我們進行時光之旅的時空隧道。

圖 7.3 時空裡的蛀孔

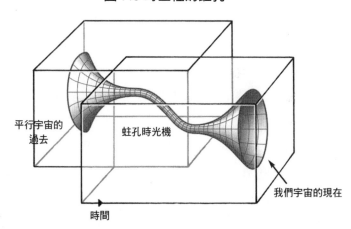

平行宇宙的過去

蛀孔時光機

我們宇宙的現在

時間

為了避免悖論的產生，蛀孔必須連向某個平行宇宙的過去。

所以，我們成功地將祖父悖論的定位降級到「認知悖論」，在物理學照妖鏡之下便消失無蹤了嗎？其實並沒有。當我之前強調解

決悖論的可行之道時，就表示已經進入臆測的境界。我當然沒有違反任何物理定律，但是像多重宇宙以及時空蛀孔這些想法仍然不屬於正統科學的範疇。它們討論起來很有趣，卻無法證實，至少在現階段暫時如此。

時光旅人何在？

很多人把這個問題當成否定時光旅行的證據。如果透過時光旅行回到過去，真的如某些人聲稱可以實現的話，肯定有某些時光旅人願意來造訪我們的時代，他們應該會出現在人群當中才對。但是，到目前為止我們從來不曾與他們邂逅。這當然足以證明未來永遠不會打造出時光機，是吧？

經由時光旅行回到過去也許終將無法實現，不論是由於平行宇宙或蛀孔不存在，還是因為某些未知的愛因斯坦理論修正排除了這種可能性。不過，欠缺時光旅人的論點卻是有漏洞的。其錯誤之處在於，他們以為兩個不同時代之間的連結，在時光旅者踏上回到過去之路的那一刻就已經建立起來，無論是藉由蛀孔或其他方法。其實並不然——它在時光機打造出來（或啟動）之後才會建立，並開啟時光旅行的**可能性**。假使人類在二十二世紀發展出建造時光機的方法，並且用於時光旅行，旅客最早只能回到機器啟用的那一刻，而無法回到像二十一世紀這麼久遠之前。這是因為時光機的建造牽涉到連接多重宇宙裡不同的時間點。在機器建造出來之前的時間都永遠成為過去，無法探訪。任何前往史前時代的可能都被排除，除非我們偶然找到某種天然的時光機，比如說存在於時空某處的古老

蛀孔。

　　所以，在這個時代找不到時光旅人有一個很簡單的原因：時光機尚未發明。

　　其實還有許多其他的原因可能讓時光旅人缺席。舉例而言，假使真的有多重宇宙（我認為，如果要允許時光之旅，這個理論就必須是對的），那麼我們的宇宙或許剛好不屬於時光旅人有幸訪問的宇宙之一（假設時光機已經在別的平行宇宙中出現）。另一個可能的原因或許是，某些未知的物理學定律不允許回到過去的時光旅行。或許還有一個更現實的原因：我們期待在這個時代出現時光旅人，是因為預設他們想要來到這個世紀。可也許對他們而言，有比這裡更美好、更安全的時代等著他們拜訪。也有可能來自未來的時光旅人已經混在我們之中，但選擇保持低調。

8 拉普拉斯的精靈
蝴蝶振翅能否讓我們倖免於可預測的未來？

　　「預測是相當困難的，尤其是關於未來。」丹麥的量子物理學家尼爾斯・玻爾如是說。這句話或許聽來只是不經思索的陳腔濫調，但隱藏在背後的，卻是攸關命運、自由意志以及我們能否決定未來的深刻想法，正如玻爾的其他名言一樣。

　　讓我先來敘述這則悖論。在馬克士威構思出他的虛擬精靈之前的半個世紀，法國數學家皮埃爾—西蒙・拉普拉斯（Pierre-Simon Laplace）就已經創造出自己的版本。拉普拉斯的精靈遠較馬克士威的更為強大，它不僅能掌握盒子裡每一個空氣分子的確切位置與運動狀態，知識更涵蓋宇宙裡的每個粒子，完全明白粒子之間如何作用的物理定律。也就是說，這位無所不知的精靈原則上能夠推算出整個宇宙隨著時間如何演變，並且預測其未來狀態。不過如果是這樣，它便可以選擇操弄這些資訊，故意做出某些動作讓未來與稍早的預測不同，導致預測錯誤，從而使自己預見未來的能力失效（因為在它的計算中，一定會把自己即將進行的動作考慮進去）。

　　以下有個有趣的例子能清楚呈現這則悖論的含意。我們可以將這個精靈設想成一部龐大的超級電腦，具有強大的計算能力與不虞匱乏的記憶體，使它得以掌握宇宙的每一處細節，甚至包括構成電

腦每一顆原子以及電路中每一顆電子的組態。利用這些資訊，它能
夠精確計算出未來如何進展。接著，操作者對它下達一道簡單的指
令（它預知自己會收到）：電腦若在運算結果中的未來裡存續，就
進行自毀；但若在運算出的未來不再存續（表示屆時已自毀），就
不進行自毀動作。我再說一次：如果它在預測的未來中存續，就不
會真的存在；如果它在預測的未來中消失，就會繼續存在。無論哪
種狀況，它的預測都是錯的。那麼，究竟它能否存續下去呢？

　　正如本書中的許多悖論，此一悖論的解答告訴我們真實世界的
深刻事實，而且遠超出哲學辯論的範疇。拉普拉斯本人似乎沒發現
他的精靈所具有的矛盾本質；事實上，他僅僅稱之為「某種知性的
存在」（an intellect）。原本的敘述如下：

　　我們可以將宇宙當今的狀態視為過去的果以及未來的因。設
想某種知性的存在，能於某一刻通曉大自然運作的各種力，以及大
自然一切組成物的位置。若此知性的存在也浩瀚無垠，能將這些數
據加以分析，那麼從宇宙中最巨大的星體到最微小的原子，其運
動都將囊括於單一方程式中。在此知性的存在看來，沒有任何不確
定的事，而未來將如過去般呈現在眼前。——出自《機率論》（*A
Philosophical Essay on Probabilities*），皮埃爾—西蒙·拉普拉斯著，
楚斯考（F. W. Truscott）與艾莫瑞（F. L. Emory）譯，第六版（多佛
出版社，紐約，1951），第四頁。

　　拉普拉斯並非在尋求悖論，他是利用這個假想的精靈凸顯
某個當時普遍認為無可置疑的觀念，也就是宇宙是「命定的」

（deterministic）。這個詞是本章悖論的核心，我們需要明白它的意涵，並且仔細定義它。決定論（determinism）的意思是，未來在原則上是可預測的。上述悖論卻顯示，我們非得排除這種可能性不可；也就是說拉普拉斯錯了，宇宙不可能是命定的。不過我們將會明白，在當今物理理論的限制與預測不準的範疇之內，我們有充分的理由相信，宇宙確實是命定的。

這是否意謂我們得捨棄自由意志的概念，因為命運早已註定？我們該如何解決拉普拉斯精靈的悖論呢？

這裡可以與前一章時光旅行悖論做個簡單的比較。在前一章的案例中，我們的過去是已知且既定的，為了改變過去，我們必須回到當時，迫使悖論產生。在這則悖論中，拉普拉斯的精靈通曉未來，卻不需要進行時光之旅；它只消等待未來降臨，而在等待的同時，它可對當下進行干預，導致截然不同的未來。

有種不太科學的方法可以排除時光旅行悖論，就是堅持返回過去的時光之旅是不可能發生的。然而，在拉普拉斯精靈的案例中，並不需要進行時光旅行；精靈無法自外於未來，就算它什麼都不做，未來仍然會降臨，看來我們需要其他解釋來破解這個悖論。最簡單的選項往往是正確的，我們可以肯定相較於既定的過去，未來則是開放而未定的。精靈所「看到」的，僅僅是其中一種可能的未來。誠然，為了使它（還有我們）能自由地做出選擇，我們的宇宙不可能是命定的。這是一個有趣的論點，但不見得能破解拉普拉斯精靈的悖論。

為了說明為何這個簡單的解答仍然不足，設想以下情境：你使用超級電腦來計算宇宙未來的狀態。經過數十年的巧妙實驗以及許

多偉大科學家的研究貢獻，在未來我們已經發展出一套嶄新的物理理論。這套理論可以用一組美妙的數學方程式來囊括。這部電腦會告訴你這些資訊，讓你不用經歷原本所需的漫長研究歷程。於是你感謝電腦的付出，關上電源，然後不費吹灰之力地贏得諾貝爾獎的殊榮。

　　問題出在這：如果電腦真的能預測無限多種可能未來的其中之一，而且預測出的未來正好發展出影響深遠的科學發現，我們馬上可以看出這其中並不帶有任何預測的成分；這與碰巧想到一個點子沒有兩樣。就跟著名的「無限猴子定理」一樣：一隻在打字機上隨機打字無限久的猴子，會在某個時刻打出一套莎士比亞全集——完全出於巧合。從這個解釋裡，我們並沒有學到什麼。雖然電腦並非完全不可能意外地構思出科學上嶄新的「萬有理論」，但這種可能性微乎其微，小到足以忽略。當然，如果電腦考慮當前的知識水準、全世界頂尖理論物理學家的思想趨勢、以及未來能夠實現的新實驗構想，然後再開始運算的話，其可能性可能會比猴子在鍵盤上隨機打出相同理論來得高一些；不過出現這種結果的機率仍然低到趨近於零。

　　有一個有效的方法可以破解此一悖論，而我的確可以在此向讀者全盤托出。如果我聽起來有點勉強，那是因為這方法實在太平凡無奇，不像是悖論該有的解答。在描述超級電腦的時候我曾提到，它所具有的知識完備到連自身內部結構的所有細節都掌握得一清二楚，因此能夠預測自己的行為（暫且先放下電腦是否有自由意志的問題；我們在此假設，儘管它具有強大的運算力，但仍然沒有自我意識，也不知道可以藉由預測以外的動作來愚弄自己）。一旦我們

開始分析「電腦知道組成自己的每個原子與電子狀態」代表什麼，立論就變得站不住腳了。電腦需要將這些資訊儲存在記憶體中，而記憶體本身就是由特殊排列的原子所構成，這種排列方式本身也是電腦所需掌握的資訊——這顯然自相矛盾，因此排除了電腦知曉所有關於自身一切的可能性。如果它在預測未來的運算中，無法將自身納入，表示它關於宇宙的知識並不完備。❹

　　上述論點已經足以排除拉普拉斯的精靈。不過關於這則悖論，我們能發揮的僅止於此嗎？並不盡然。在強調「知道未來」的可能性時，我們已經打開潘朵拉的盒子，釋放出以下的問題：我們是否身處於一個命定的宇宙之中？上述論點如何解釋我們是否擁有決策的自由度？未來是否事先註定，無可改變？科學對於這些問題都有一套看法。

決定論

　　讓我先仔細區分以下三個概念：決定論，可預測性（predictability），以及隨機性（randomness）。

　　首先，我所謂的「決定論」指的是哲學家口中的因果決定論，也就是過去事件導致未來事件的概念。從邏輯上可以得到如下的結

---

❹譯註：此處作者的意思是說，記憶體乃是用來儲存外部資訊用的，若將記憶體原子的狀態也包含在整體資訊當中，那麼這些原子態的資訊就需要儲存在其他的外部系統中，而這些外部系統原子的資訊還需要更進一步儲存到另外的系統中……如此一直推演下去，永無止盡。因此超級電腦無法描述它自己的狀態，這就排除了「電腦知曉關於宇宙一切」的可能性。

論：每個事件的發生都是一連串事件所造成的結果，這一連串的事件可以一直回溯到宇宙誕生的那一刻。

十七世紀時，牛頓運用嶄新的微積分數學發展出力學理論。他的方程式讓科學家能夠預測物體如何移動以及交互作用；小至砲彈射擊，大至行星運動都涵蓋在內。透過他的數學公式，諸如質量、形狀、位置、速度、與作用其上的力等描述物體物理屬性的量值，都能代入簡潔的數學方程式中，產生該物體在未來任一時刻運動狀態的資訊。

這衍生出往後兩個世紀廣為接受的信念：假使能掌握所有的自然定律，原則上就能計算出宇宙中一切物體未來的運動行為。我們處於一個一切都已預定好的宇宙，包括任何運動與變化，沒有自由選擇，沒有不確定性，也沒有機率的存在。這種模型稱為「牛頓機械式宇宙觀」（Newtonian clockwork universe）。乍看之下，它並不像愛因斯坦的方塊宇宙這麼無趣，方塊宇宙裡已經發生及未來將要發生的一切事物，都已在時間軸上展開並且定格。不過，由於機械式宇宙在未來任何時刻都已預定且無法更改，實際上它與方塊宇宙並無不同。

這個觀點卻在一夕之間變了。一八八六年，瑞典國王提供兩千五百克朗的獎金（這是一筆為數可觀的金額，超過多數人一整年的收入），給予任何能證明（或否定）太陽系穩定性的人——亦即確認行星將繼續圍繞太陽運行，或者證明其中一個或多個行星有可能螺旋墜向太陽，或掙脫其引力遨遊太空。來自法國的數學家亨利・龐卡瑞（Henri Poincaré）接受此一挑戰。他從太陽、地球與月亮的簡單問題出發，也就是所謂的三體問題。他發現，儘管只牽涉

到三個物體，卻不可能得出精確的數學解答。不只如此，三體的某些排列對於初始條件的變化極為敏感，方程式因此得出十分不規則且難以預測的運動行為。儘管未能解答有關太陽系穩定性的原始問題，他仍然贏得了國王的獎金。

　　龐卡瑞已經發現，即便系統只由三個交互作用的星體組成，隨著時間的演變就已經無法精確預測，何況涉及太陽系所有的星體（包含所有的行星及其衛星，以及太陽）。然而，這個發現所隱含的意義，直到四分之三個世紀之後才再度被探討。

蝴蝶效應

　　現在我們賦予這台強大的電腦較為簡易的任務：在撞球賽開局時，預測球檯上的球被母球擊中之後的散射路線。球檯上的每一顆球都會受到碰撞，多數的球甚至會經歷多次碰撞，在撞擊彼此或球檯邊緣之後反彈。當然，電腦需要精確知道母球擊出的力道，以及它撞擊第一顆球確切的角度。但是這些條件就足夠了嗎？當所有的球最終靜止下來，電腦預測撞球的散布情形與實際情況相差多少？若只有兩顆球碰撞，預測碰撞結果理論上是完全可行的，但如果要考慮多顆撞球經過複雜多重散射之後的結果，卻幾乎不可能。若其中一球以稍微不同的角度滾動，它可能與另一顆原本擦身而過的球產生碰撞，兩顆球的軌跡便產生戲劇性的改變。最後的結果便突然變得截然不同。

　　因此，我們提供給電腦的資訊，不僅應該包含母球的初始條件，還須包括其他所有球在球檯上的精確位置——它們是否互相接

觸、彼此之間的精確距離、與球檯邊緣的距離等。即使有了這些還是不夠。任何一顆球上的微小塵埃都足以影響這顆球的路徑幾分之一毫米，或讓它略微變慢，進而稍稍改變它與另一顆球的碰撞力道。我們也需要提供球檯表面的精確狀態：例如，表面稍有灰塵或磨損，因此增加或減少與球之間的摩擦力。

你可以想見，這還算不上是不可能的任務。假如我們擁有全部初始狀態的資訊，並充分掌握運動定律與方程式，原則上仍有可能預測。球最終靜止的位置並不是隨機的——他們都遵循物理定律，無論在什麼時刻，都以完全命定的方式依所受的力運動。問題在於，**實際上**我們不可能得出完全可信的預測，因為所有必須的初始條件都要達到極端精確的程度，包含每顆球表面的每一顆灰塵，以及球檯表面的每一縷纖維。當然，假如球與球檯表面之間沒有摩擦力，球的碰撞與散射將持續更久的時間，為了確定球最終會停在何處，我們必須更精確地知道它們的初始位置。

我們無法完全精準地知道或掌控初始條件及其他持續改變的影響因素，同樣情形也出現在其他更簡單的系統中。例如，拋擲硬幣時很難重複相同的動作，一次又一次得到相同的結果。如果拋擲一枚硬幣出現正面，要我以完全相同的方式再度拋擲，使它在空中翻轉相同次數並再次出現正面，實在非常困難。

在打撞球與拋擲硬幣這兩個例子中，如果有完備的知識，我們可以重複完全相同的動作，並獲得一致的結果。這種可重複性是牛頓世界隨處可見的基本性質。然而，對初始條件的敏感性也在日常生活中隨處可見。如果你在某天早晨上班途中做了某個決定，比如過馬路前停頓了一秒鐘，可能就錯過遇見老朋友的機會，而他提供

的資訊幫你找到新工作，進而改變你的人生；或者，你在穿越馬路的過程中稍微遲疑了一眨眼的時間，結果可能被公車撞上。在命定的宇宙中，我們的命運或許早已安排好，但卻全然無法預測。

第一個將這些想法帶給全世界，並且協助創造出「混沌」這個新概念的人，是美國數學家兼氣象學家愛德華‧羅倫茲（Edward Lorenz）；他在一九六〇年代初期進行氣候型態模擬時，意外發現這個現象。他使用早期的桌上型電腦 LGP-30 進行運算，有一次他想用相同的輸入值重複進行模擬，便決定採用電腦所算出並在程式執行途中列印出來的某個數值。他將這個數值鍵入電腦，讓程式再執行一遍。他以為電腦會得出與前一次模擬相同的結果，畢竟使用的數據是一樣的，不是嗎？

實際上並非如此。電腦的計算能力精確到小數點後六位數，但列印出來的數據只有四捨五入到小數點後三位。在最初的運算中，它使用的數值是 0.506127，但列印出來的值是 0.506，也就是羅倫茲第二次鍵入的數據。他以為這兩個數值之間的微小差異（0.000127）只會導致運算結果產生些微的不同，不論程式重複執行了多長時間。但非常意外的，結果並不是這樣。羅倫茲發現，些微的變化有時候會產生非常巨大的效應。這種模擬運算就是我們現今知道的「非線性行為」其中一例。這就是為什麼長期的天氣預測會如此困難，因為我們永遠無法完全精確地掌握現實中所有影響天氣的變數；就像撞球的例子一樣，只是又複雜得多。如今，我們能在合理的可信度範圍內預測未來幾天是否下雨，但絕不可能知道明年的今天是晴是雨。

這個深刻的理解讓羅倫茲創造出「蝴蝶效應」一詞。一隻蝴蝶

的振翅將對隨後發生的事件帶來漣漪般微弱卻又影響深遠的效應。這個想法最早出現在一篇題為《一聲驚雷》（*A Sound of Thunder*）的短篇故事，由雷・布萊伯利（Ray Bradbury）於一九五二年創作。這個點子被羅倫茲借用並加以推廣，成為目前廣為人知的概念：一隻蝴蝶在某處拍動翅膀，幾個月之後竟在地球另一頭造成一場暴風雨。要特別在此澄清的是，這當然並不意謂颶風的生成僅來自單一蝴蝶的振翅，而是全球大氣環境中數以兆計的微小擾動累積而成的效應；只要其中任何一個擾動改變或消失，颶風就可能不會發生。

混沌理論

「混沌」（chaos）一詞在日常語言中，指的是非特定型態的無序與隨機性，就像小朋友生日派對可能出現的混亂狀態一樣。在科學上，「混沌」有著更具體的意義。它以毫不顯眼的方式結合決定論與機率性；不過一旦了解，就會發現它完全合乎邏輯與直觀。直到最近我們才體會到這點，可見這個效應有多麼出人意表。以下是混沌行為的其中一種定義：如果一個系統周而復始地運作，不斷重複同樣的過程，但系統的發展卻對初始條件的變化極為敏感，那麼它在每一個重複的循環裡都不會重現完全相同的狀態，而是會隨機演變，完全無法預測。

混沌並非真的是一種理論（雖然「混沌理論」已經成為常用名詞，而且我也打算這麼用）。它是自然界裡無所不在的一種概念或現象，並促使科學界一個新的研究領域誕生，也就是聽起來平淡

無奇的「非線性動力學」（nonlinear dynamics）。這個稱號源自混沌系統的主要數學性質：因與果之間的關係並非線性（亦即不成比例）。我的意思是說，由於果是因造成的，在完全理解混沌之前，我們原本以為簡單的因必然會導致簡單的果，複雜的因才會造成複雜的果。簡單的因能夠產生複雜的果，這個概念則是始料未及，也就是數學家所謂的「非線性」。

混沌理論顯示，有序與命定性能夠衍生出隨機的表現。事實上，這個理論告訴我們，宇宙仍然有可能是命定的，並且遵循基本的物理定律，儘管它經常展現出高度複雜、無序、而且無法預測的樣貌。今日，在大多數科學領域中都找得到混沌現象的蹤跡。它最早在我們試圖理解氣候變化時出現，如今我們發現它存在於星系內恆星的運動、行星與彗星繞太陽軌道的變化、動物族群的消長、細胞內的新陳代謝，以及人體心臟的跳動等。它還存在於次原子粒子的行為、機器的運轉、以及流經管路的液體與通過電路電子的紊流中。不過，它最容易透過電腦模擬以數學的形式呈現出來。用數學來模擬混沌最為直接，只需不斷重複運算同一條方程式即可，但是電腦往往要有相當快的運算速度，才能負荷大量反覆執行這些簡單的步驟。

總而言之，如果我們暫且不考慮量子世界的隨機性，混沌理論揭示，就我們所知宇宙是完全命定的，但卻無法預測。這種不可預測性並非因為真正的隨機性。宇宙所具有的命定性本質意謂：它遵守完備而明確的定律，其中有些定律我們已經發現，有些可能還沒。宇宙的不可預測性則源自我們不可能將萬物演變的初始狀態掌握到無比精確的程度，除非是最簡單的系統。運算的輸入值總會存

在某種些微的誤差，造成一連串不斷擴大的漣漪效應，最終導致錯誤的預測。

　　混沌還有個引人入勝、甚至更重要的一面：從規律的動作出發，不斷反覆運用同一套簡單法則所引起的混沌行為，可能會使原本平淡無奇、不具結構的形態產生出美麗而複雜的模式，給予我們原本所沒有的秩序與複雜性。某個本來不具結構的系統自行演變之後，我們會發現結構與模式開始自動產生。這些發現開啟了新興的研究領域「湧現與複雜理論」（emergence and complexity theory），並且開始在生物學、經濟學以及人工智慧等眾多學科中扮演舉足輕重的角色。

自由意志

　　關於自由意志的本質（以及拉普拉斯的精靈悖論），有許多不同的哲學觀點已經試圖闡釋，但這個問題離解決還遠得很。我所要做的，乃是提供讀者身為理論物理學家的一些想法。你可以自由選擇是否同意──等等，你真的可以嗎？

　　我們身處於哪一種宇宙，這個問題有四種觀點可供選擇：

1. 決定論是對的，因此我們所有的動作都可以預測，沒有自由意志，只有我們能夠自由選擇的錯覺。
2. 決定論是對的，但我們仍擁有自由意志。
3. 決定論是錯的，宇宙與生俱來就有隨機性，允許我們行使自由意志。

4. 決定論是錯的，但我們仍然沒有自由意志，因為各種事件隨機發生。與命定的情況相較之下，我們對於事件的發生與否並沒有更多的控制權。

千百年來，科學家、哲學家與神學家們對於我們是否擁有自由意志不斷進行思辯。在此我要將重點放在自由意志本質的某些方面，以及與物理的關聯。我當然不會觸及所謂的身心問題（mind-body problem），也就是意識或人類靈魂的本質議題。

我們的大腦包含了一套神經網路，由數千億個神經元構成，這些神經元藉由數百兆個神經突觸連接起來。已知的知識顯示，我們的大腦就像是一部極端複雜的機器，運行著相當於電腦軟體的指令，不過其複雜性與錯綜連結程度遠超過任何當代電腦。這些神經元最終由原子組成，這些原子與宇宙的其他成分遵循相同的物理定律。因此，假使我們知道每個原子的位置，以及它們在任一時刻的狀態，並且完全掌握它們如何交互作用，原則上就能知道我們的大腦在未來任何時間的狀態。也就是說，只要有充分的資訊，我就能預測你接下來要做什麼或想什麼。前提當然是你與外界毫無交互作用，否則的話，我也需要知道這些作用的一切細節。

如果原子不是遵循著詭異又充滿機率性的量子法則，而我們的意識也不具有任何非物質的、精神的或超自然的層面（沒有證據顯示如此），那麼我們將不得不承認自己也是牛頓機械式與命定式宇宙的一部分，一切舉止都已事先註定好，無法改變。基本上，我們毫無自由意志可言。

所以，我們究竟有沒有自由意志呢？雖然我們已經進行了許多

關於決定論的討論，我仍然相信答案是肯定的，我們依然有自由意志。有些物理學家認為，拯救自由意志的不是量子力學，而是混沌理論。我們住在一個未來原則上已經決定好的宇宙裡。這其實無關緊要，因為只有當我們能從外部查看整個時空，才可以探知未來。對於意識嵌入於時空之中的我們而言，未來永遠不可知。正是這種不可預測性，賦予我們一個未定的未來。對我們來說，所做的決定都是真實的抉擇，而且由於蝴蝶效應，不同決策所帶來的微小變化可能導致極為不同的結果，開啟不同的未來。

因此，基於混沌理論，我們的未來永不可知。你也許想說，未來已事先註定，我們的自由意志只是一種假象。不過重點還是沒變：無限多種可能未來當中的哪一種得以實現，依然由我們的舉動來決定。

讓我們換個情況思考，不要由個人觀點來觀察周遭早已命定卻又不可預知的世界，而改為研究大腦的複雜性及其運作方式。大腦是一個複雜的系統，包含所有思考過程、記憶、具有迴圈與回饋機制的錯綜神經網路等，而這類複雜的系統運作過程中無可避免的不可預測性，便賦予我們自由意志。

無論我們認為是真正的自由，或者只是一種假象，其實都無關緊要。如果你真的想捉弄我，我永遠無法猜出你接下來會做或說什麼；無論如何，我不可能實際模擬你大腦中每一個神經元的活動，預測每個神經突觸接點的變化，並重現你的意識心智中數以兆計的蝴蝶個別振翅；如果要推算出你的思緒，這些都是必須的。這就是你為何擁有自由意志的原因，就算大腦的動作極有可能完全命定，這個事實依舊無可改變——除非在這個議題上量子力學扮演比目前

所知更重要的角色。

量子世界——終於有隨機性了吧？

量子力學作為次原子世界理論，描述了大自然在最小尺度下所遵循的法則。該尺度下的物理與我們日常生活中的一切有著根本上的不同。我們是在二十世紀早期開始發現，一個微觀粒子（如電子）的運動不能用牛頓力學來描述。

如果對一顆電子施加某種力，例如啟動一個電場，那麼理當可以在某種精確度的要求下，找出它一秒鐘後的確切位置。但事實是，我們無法做出如此明確的預測，而原因似乎遠遠不止是因為我們無法獲知夠精確的初始條件。牛頓運動方程式適用於硬幣、撞球乃至行星等日常物體，在量子世界中卻毫無用武之地。取而代之的是一套新的自然法則與數學關係式，它們描述一個看似全然隨機的微觀真實世界。看來我們總算為牛頓與愛因斯坦的宇宙中，聽天由命、無從改變的決定論找到解藥，因為我們在此看到的是真正的「非決定論」。

正如第二章所述，一個原子可能會進行放射性衰變，釋放出一個阿爾發粒子（alpha particle），但我們無法預測它何時發生。根據量子力學的標準詮釋，這並非因為我們無法得知所有的必要資訊，像稍早所探討的狀況那樣。事實證明，我們甚至無法預測原子何時會發生衰變，無論我們將初始條件掌握到多麼精確的程度。某種意義上，這是因為原子本身也不知道衰變何時發生。這種不確定性似乎是大自然本身的一種基本特性，在此尺度下，物質表現出非常

「難以掌握」的性質。

　　當然，放射性原子的行為並非全然隨機，我們發現當全同原子（identical atoms）為數眾多時，它們就會展現出統計平均的性質。某特定元素樣品的半數原子完成放射性衰變的時間，稱為該元素的半衰期，這個值是一個能夠精確測量的物理量，前提是樣品夠大。就好像拋擲一枚硬幣多次之後，出現正面與反面的機率都會趨近於百分之五十。丟擲硬幣的結果之所以會出現機率性質，是由於影響這個命定過程的初始條件造成不可預測性；然而，對於原子而言，量子機率似乎根植於大自然本身，我們永遠無法更貼切地描述這些現象，即便在原則上亦然。

　　於是問題就變成：這種量子非決定性，是否能把我們從巨觀世界中嚴苛無情的決定論拯救出來，將真正的自由意志還給我們？有些哲學家認為可以。依我的卑微之見，他們錯了。有兩個原因讓我做出這樣的宣告：首先，近年來發現，在建立數以兆計原子複雜系統的過程中，量子模糊性與隨機性喪失得相當快。一旦尺度回到我們認知中的牛頓世界，量子世界的詭異現象會在平均之後互相抵銷，消失不見，回復到正常的決定論。

　　第二個理由除了是我的個人偏好，也無法排除其可能性。量子力學很可能不是整個理論的全貌，而且諸如放射性衰變這類過程之所以不可預測，的確是由於我們掌握的資訊不足。可能我們欠缺的是對大自然更深刻的了解，好讓我們預測特定原子何時衰變——即便實際上做不到，至少原則上要可行，正如更了解拋擲硬幣的知識讓我們可以預測其結果。如此一來，我們可能得在量子力學的範疇之外才找得到解答，或者至少得發展出量子法則的其他詮釋才行。

愛因斯坦本人也抱持這種觀點，他的名言指出：「上帝不會玩骰子。」愛因斯坦不太能接受量子世界的隨機性。

雖然愛因斯坦版本的論點已經被證明是錯的，但還有另外一種量子論的詮釋方法與標準版本不相衝突，而且根據這種詮釋，次原子世界的行為完全是命定的。它由大衛‧波姆（David Bohm）這位物理學家所提出，超過半世紀以來已廣為人知。問題在於沒有人找得到方法來驗證此版本的量子論是否正確，無法確認或否定宇宙即使在次原子尺度依然是命定的。

根據波姆的理論，量子世界的不可預測性並非出於真正的隨機性，而是由於某些我們無法獲取的資訊，少了這些資訊我們就無法做出準確的預測。量子世界之所以不可預測，並非因為我們無法深入測量，也不是因為量子蝴蝶效應以及對於測量精度的敏感性，而是因為我們根本無法在不干擾次原子世界的情況下進行探測。光是「看」電子正在做什麼，我們就已經無可避免地改變它的行為，使預測失準。這有點像是要你用手從一杯水底部取出一枚硬幣，卻不讓手指沾濕一樣。在波姆版的量子論裡，宇宙中每一個粒子都帶有一個支配其運動的量子力場；一旦我們對這個粒子進行量測，就等於破壞了它的力場，因而改變了該粒子的行為。我們仍然不知道這種量子世界的敘述是否正確，而且或許永遠都不會知道。

最後的總結

我們從拉普拉斯的精靈出發，討論了許多相關的議題。雖然本章一開始所設下的悖論似乎相當容易破解，它卻衍生出一系列攸關

命運與自由意志的有趣問題。看起來，我們之所以永遠無法預知未來，並非因為隨機性，而是因為不可預測性，即便大自然遵循明確命定的尋常法則。對於某些人來說，這種不可預測性已經足夠讓我們擁有一些貌似自由的選擇。而量子力學雖然是在最小的尺度上定義的，卻有可能提供真正的隨機性，即便這種看法仍備受爭議。

　　一旦涉及人類大腦的運作，沒有人能確定下一個突破何時會到來。說不定，未來甚至有可能發現量子世界的機率本質會直接影響巨觀世界，特別是在活體細胞內，也許在大腦。我們已破解拉普拉斯精靈的悖論，卻尚未能完全回答這些問題。

9 薛丁格的貓

箱子裡的貓既是活的又是死的，直到我們查看牠

　　一九三五年，量子力學的鼻祖之一、奧地利天才薛丁格終於受夠數學上的怪異詮釋。經過與包括愛因斯坦在內的同僚漫長的討論之後，他提出科學史上最著名的一個臆想實驗。他撰寫了一篇題為〈量子力學現況〉（*The Present Situation in Quantum Mechanics*）的長篇論文，發表在一份頂尖的德文科學期刊裡。這篇文章自此被暱稱為「薛丁格的貓」；許多人曾經絞盡腦汁試圖凸顯或破解這一則薛丁格所述的悖論，包含量子物理學家在內。這些年來，許多獨具想像力的奇特解答陸續被提出，包括向過去的時刻發送訊息，以及意識心智的力量足以改變事實存在等。

　　薛丁格提出的問題是，如果將一隻貓跟一部蓋格計數器以及少量的放射性物質一起放在一個密閉箱子裡一段時間，會發生什麼事。由於放射性物質的量極少，有百分之五十的機率在一小時內只會有一個原子產生衰變，並釋出一個次原子粒子，例如阿爾法粒子。假如發生這種情況，將會觸發蓋格計數器，經由繼電裝置啟動錘子打破一只小燒瓶，將氫氰酸釋出到盒子裡，立即置貓於死地。（我想無需說明這類實驗從未實際執行過，這就是為什麼它被稱作「臆想實驗」。）

　　正如我們上一章所提到的，放射性原子衰變發生的時機，是一種甚至在原則上也無法事先預測的量子事件。根據量子力學另外兩位開山祖師玻爾與海森堡所提出的標準來詮釋，這並不是因為我們無法掌握預測所需的所有資訊，而是因為在量子的層次上，大自然本身就不知道衰變何時會發生。許多人相信，這種隨機事件能讓我們倖免於上一章所提的牛頓決定論。我們只能推斷，經過一段時間（與物質的放射性半衰期有關）之後，原子有某個機率會產生衰變。當箱蓋蓋上的那一刻，我們確知原子尚未衰變。之後，我們不僅不知道原子是否已產生衰變，而且還被迫將放射性樣本中的每個原子描述成同時處於兩種態——已衰變和未衰變，前者的機率隨著時間增加，後者隨著時間減少。我必須強調，這並不是由於我們無法得知箱子裡發生什麼事。我們被迫接受這種描述，因為這就是量子世界的運作方式：只有當原子與其他物質存在於如幽靈般的中間態時，微觀世界才能被我們所理解。如果原子不是這樣表現，我們恐怕就無法理解微觀世界了。

　　只有在上述情況確實為真時，許多物理現象才得以獲得解釋。例如，要了解太陽如何發光，我們必須藉由這些奇特的量子行為來說明其內部熱核融合反應的過程。日常巨觀世界中的物理定律常識並無法解釋原子核如何融合在一起，使太陽散發出熱與光。假使沒有這些熱與光，我們當然不可能在地球上生存。如果原子核的表現不按照量子規則，所帶的正電荷會在彼此之間建構出一道斥力場屏障，它們便永遠不可能靠近到足以進行融合。正是因為它們表現得像一團暈開的量子物質，所以可以彼此重疊，偶爾還會發生兩者位於力場屏障同一側的情況。

圖 9.1 薛丁格的貓裝置圖

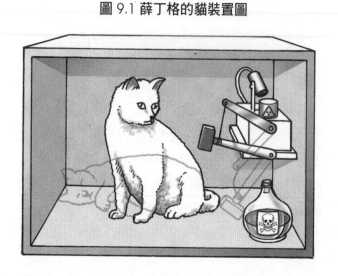

　　當薛丁格領會到量子世界是如此奇特後，他認為：貓也是由原子組成的，而每一個原子都遵從量子力學的法則；當貓被放在箱子裡，其命運便與放射性原子糾纏在一起（術語叫做「纏結」，entangled），也應該適用相同的量子法則。如果原子未產生衰變，貓就會存活下來；如果發生衰變，貓就死了。如果原子同時處於這兩種態，貓也必須同時處於兩種態——活貓態和死貓態。這意謂，貓既不是真的活著也不是真的死了，而是處於一種模糊的、非物理的、介於兩者之間的狀態，只有當箱子打開，貓才會出現兩種態的其中一種。這就是標準量子力學所告訴我們的，聽起來像無稽之談，畢竟我們從來沒有看過這種既活又死的貓。量子物理卻告訴我

們，在親眼目睹之前，我們必須用這種方式來描述貓的狀態。

　　不論這個異想天開的概念聽起來多麼荒唐，請讀者務必相信，它並不只是長時間浸淫在方程式中的理論物理學家們所得到的瘋狂結論，而是科學上最強大而可靠的理論所做出的嚴謹預測。

　　當然，我希望你會認為，貓**必然**是死的**或**是活的，我們把箱子打開並不會影響其結果。問題不就出在我們無從得知箱內已發生的狀況（或未發生的狀況）？沒錯，這正是薛丁格想要凸顯的重點。儘管薛丁格對於新理論貢獻極大（量子力學中最重要的方程式就是以他的名字來命名），他仍然不甚滿意；甚至在一九二〇年代，他光是在這些議題上就與坡爾及海森堡數度進行爭辯。

　　不論對非物理學家的普羅大眾解釋得多麼仔細，量子力學聽起來依舊令人費解，甚至不切實際。但不論在邏輯上或數學上，規範量子行為的定律和方程式都是明確而完整的。就算許多量子物理學家自身未必滿意方程式中的抽象符號與真實世界產生連結的方式，量子力學中豐富的數學架構依然非常實用且精確，無庸置疑地反映出這個世界的根本事實。我們能否在保留量子力學及其詭異性質的前提下，破解貓的悖論？如果無法解開這個謎題，又會如何？一路走來我們已經戰勝許多強大的精靈，不該在這裡被一隻小貓擊敗。

薛丁格

　　一九二五年至二七年間，科學面臨空前絕後的革命。當然，科學史上也有其他偉大的時刻，例如哥白尼、伽利略、牛頓、達爾文、愛因斯坦、克里克及華生等人的新發現，從本質上改變我們對

於這個世界的理解。但我認為，這些偉大天才們改變科學的深遠程度都比不上量子力學。這個領域在幾年的時間裡發展起來，並且永遠地改變我們對現實存在的看法。

我來簡單介紹一下一九二〇年代初期物理界的情況。當時已知所有的物質由原子組成，科學家們對於這些原子內部的構造以及其組成也已經有粗淺的了解。由於愛因斯坦的貢獻，我們知道光既能夠表現出粒子流的性質，也可以像蔓延開來的波，依所建立的實驗裝置是針對光的何種性質而定。同時也有愈來愈多證據顯示，物質粒子（例如電子）同樣可以呈現出這兩種相互矛盾的性質，儘管非常怪異。

一九一六年，玻爾從曼徹斯特凱旋榮歸，回到哥本哈根。他在曼城時曾協助恩尼斯特・拉塞福（Ernst Rutherford）建立一個原子內的電子如何環繞原子核運行的理論模型。幾年之後，在嘉士伯啤酒商（Carlsberg Brewery）的贊助下，他在哥本哈根成立了一間新的研究機構。在獲頒一九二二年諾貝爾物理學獎的殊榮之後，他開始找來一些當代最偉大的科學天才。這群「後起之秀」當中最有名的當屬德國物理學家海森堡。一九二五年夏天，海森堡在德國赫里戈蘭島（Heligoland）治療他的花粉症，逐漸康復的同時，他也在建構描述原子世界所需的新數學並取得重大進展。這是一種奇怪的數學，它所告訴我們關於原子的一切則顯得更加不可思議。例如，海森堡認為不僅在不進行量測時，我們無法指出原子電子確切的位置，即便進行量測，電子本身也不會有一個明確的位置，而是一團難以掌握的模糊狀態。

海森堡被迫得出這樣的結論：原子世界是一個虛幻的半真實世

界，只有當我們建立一套量測儀器去探測它時，才能將它轉化為具體而清晰的存在。即使如此，儀器也只能顯示量測所針對的性質。在沒有詳述太多技術細節的前提下，測量電子位置的儀器確實會找出電子的位置，而另一套測量電子運動速度的儀器也會提供確切的答案，但卻不可能在實驗中同時測出電子的確切位置及其運動速度。這個想法即是著名的海森堡測不準原理（Heisenberg Uncertainty Principle），迄今仍然是科學上最重要的概念之一。

　　一九二六年一月，大約在海森堡發展這些構想的同時，薛丁格發表了一篇論文，提出另一種數學方法來描繪原子的不同圖像。他的原子理論表明，環繞原子核的電子並非位置模糊而不可測知，它其實像是原子核周圍的一種能量波。電子之所以沒有明確位置，是因為它並非是一個粒子，而是一種波動。薛丁格想要區分下面兩者：電子看起來是一團模糊暈開的圖像，與電子是一團清晰可辨的雲霧。在這兩種情況下，我們都無法指出電子的明確位置，但薛丁格傾向認為電子其實是散布開來的波，直到我們查看它為止。他的原子理論被稱為「波動力學」，其著名的方程式用來描述這些波動如何隨著時間以完全命定的方式演變。

　　時至今日，我們已經學會用這兩種方式來看待量子世界──海森堡抽象的數學方法，以及薛丁格的波動方式。這兩種表述方式都沒有問題，學生也都會學到；量子物理學家則根據手邊欲解決的問題形式，輕易地在這兩種表述之間轉換。而且，這兩種理論都對這個世界的物理現象做出相同的預測，並與實驗結果完美吻合。其他量子物理先驅如沃夫岡・包立和保羅・狄拉克（Paul Dirac）也曾在一九二〇年代晚期指出，這兩種理論在數學上是完全等價的，差別

圖 9.2 氫原子中唯一的電子環繞原子核的三種表述圖像

(a) 根據拉塞福 (一九一一年)

(b) 根據海森堡 (一九二五年)

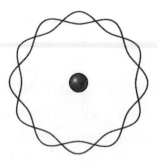

(c) 根據薛丁格 (一九二六年)

只在於用哪種理論描述原子所對應的特殊性質較方便而已。情況類似用兩種不同的語言描述同一件事。

　　量子力學作為一種數學理論，儘管已經極為成功地詮釋微觀原子世界的結構，以及從電子、夸克、到微中子等構成物質的各種要素，它仍然有一些尚未解決的問題，包括我們應如何詮釋數學，以及量子世界如何放大成為我們所熟悉及居住的巨觀世界。後者正是薛丁格在他的悖論中凸顯的問題。

量子疊加

　　整個故事還缺了一個重要的環節。我要求讀者思考貓的問題；牠由數以兆計的原子所組成，能同時處於存活與死亡兩種態。但我同時還期望你僅基於量子世界的怪異性，就接受單一原子可同時處於兩種態的概念。因此，我想我最好先解釋清楚物理學家為何如此確定原子是這樣表現的。

　　量子物體「同時做兩件（或更多）事」或者「同時位於兩處（或更多處）」的特性，嚴格的說法叫做「疊加」（superposition），而這個概念可能不如你想像中陌生。事實上，疊加並非量子力學獨具的性質，而是一般波動都會有的特性。在水波的例子裡，這個特性最為明顯。想像我們正在觀賞奧運會的跳水比賽。當選手躍入水中，你會看到圓形的波紋由入水點一路向外擴散到水池邊。這與泳池中擠滿了戲水的人潮時，到處水花飛濺的狀態呈現鮮明的對比。許多擾動加總在一起的效應，讓水面波瀾四起。這種將不同的波累加起來的程序便稱為疊加。

　　考慮許多波的重疊是相當複雜的，只考慮兩個波的疊加就容易許多。設想兩顆石頭同時落入一潭止水中，一顆從你的右手，另一顆從左手。每一顆石頭入水後都會產生向外擴散的圓形波紋，並且與另一顆石頭引起的波紋重疊。如果拍攝一張這種疊加的快照，你將會觀察到複雜的圖案，並且在某些位置出現兩種極端不同的狀況：在某些位置，兩個波的波峰會累積成更高的波（稱為「建設性干涉」）；在另外一些位置，其中一道波的波峰則會完全被另一道波的波谷抵消，使該處的水面暫時平靜下來，彷彿沒有波通過一樣（稱為「破壞性干涉」）。請記住以下觀念：兩個波的擾動經過疊加後有可能彼此抵消。

　　接著，我們來看這種現象在量子世界中的等價行為。我們在第五章討論光及其波動如何在宇宙中傳遞時，曾提過一種叫做干涉儀的裝置，能夠將兩道波疊合在一起，顯示兩者之間的建設性或破壞性干涉。在干涉儀裡輸入單一波動，就能產生某種可觀測信號；經過調整之後，可以讓輸入的第二道波與第一道波產生破壞性干涉，讓信號消失。這清楚證明：輸入干涉儀的信號具有波動性。

　　現在我們要進入真正精彩的部分了。某些類型的干涉儀可以偵測次原子粒子（例如電子）的出現。這些粒子可經由某種裝置將其行進路徑一分為二，使它們循著兩條不同的路徑前進，直到最後再次彙集。如果把這類裝置設計成可以接收光束，它的功能就顯而易見：光可透過一個名為「半鍍銀鏡」（half-silvered mirror）的裝置分為兩束（一片半透明的玻璃，能使一半的光透過並沿著其中一條路徑前進，另一半的光則被反射，走另一條不同的路徑）。這個裝置能夠使原本的一道光束變成兩道。這兩道光束（或光波）在裝置

裡沿著不同的路徑傳遞，最終再度交會並在彼此之間產生干涉；干涉的結果則取決於各自行經路徑的精確長度。如果兩條路徑長度完全相同，兩道光波就會完全重合，稱之為「同相」（in phase）；但如果它們再度交會時是「反相」（out of phase），在某些地方就會發生破壞性干涉，這些地方就像沒有光照射到一樣。要記住的重點是，只有在兩個波彼此重疊時，會產生這些結果。

　　以下是量子世界真正令人震驚的性質。如果將一顆電子輸入類似的裝置，迫使它在兩條路徑中擇一（例如，利用磁鐵或帶電導線使它偏向其中一個方向），那麼我們看到的將不是常識所預期的。電子不會沿著其中一條路徑行進，而是出現類似光波的表現，藉由某種方式分成兩半，同時沿著兩條路徑傳遞。我們怎麼知道會這樣？當一顆電子表現得像兩束通過該裝置的光時，我們在兩條路徑再度交會之處所看到的結果，正好符合預期的干涉圖形。

　　量子力學誕生後，物理學家就一直試圖釐清粒子（例如電子）如何做到這一點。他們似乎真的能同時沿著兩條路徑行進，否則我們就不會看到像波一樣的建設性與破壞性干涉行為。事實顯示，當我們沒有進行觀察時，必須將量子物體描述成波，這正是量子理論所預測的。但是一旦我們進行觀測，例如在干涉儀的其中一條路徑上安裝某種偵測器，我們不是觀測到電子行經該路徑，就是未觀測到任何信號（亦即電子走另一條路）。換句話說，當我們在電子傳遞過程中對它進行量測，就只會看到電子取道兩條路徑之一。因為在這麼做的同時，我們無可避免地會干擾它的量子行為，使任何類似波的干涉特性消失。這時電子已不再同時沿著兩條路徑行進，所以這一點也不奇怪。

　　我們得到的啟示如下：在量子世界中，事情的發展取決於我們是否進行觀察，結果會有很大的不同。當我們不觀察時，它們處於疊加態，能同時做兩件以上的事。一旦我們進行觀察，就會立即迫使它們在各種選項之間做出選擇，呈現合乎常理的結果。關在箱子裡的放射性原子與貓，確實是兩種量子態的疊加，同時是已衰變與未衰變。這並不是因為我們無法掌握資訊，所以必須「容許」它可能處於任一狀態，而是因為它確實是兩者虛幻般的結合。

量測問題

　　能夠用數學方程式描述原子的表現無疑是件好事，不過一個半吊子的科學理論，頂多只能涵蓋有關現實世界的預測，以及為了驗證這些預測所進行的實驗結果。量子力學則描述我們沒有觀測之下原子世界的運作（是種相當抽象的數學表述），但若我們決定進行量測，它也能對量測結果做出令人驚訝的準確預測。不過，從不在觀察之下到使用量測裝置，所得到的結果如何從前者轉換到後者，仍是未解的謎。這就是所謂的量測問題。這個課題可以直述如下：原子及其同類如何從一個侷限於微小區域的粒子化身為數個蔓延開來、波動型態的自己，而且在我們查看時又能迅速徹底變回微小的侷域性粒子（localized particles）？

　　即使量子力學獲得巨大的成功，它並未告訴我們，如何從描述電子環繞原子核運行的方程式過渡到對電子進行具體量測所獲得的結果。基於這個原因，量子力學的鼻祖們特別量身制訂了一套法則，作為量子論的補遺，稱之為「量子力學基本假設」（Quantum

Postulates）。這些假設猶如某種說明書，告訴我們方程式導出的數學預測如何對應到我們觀察所得的具體性質，例如電子在任一時刻的位置。

至於電子轉眼間從「在此處以及他處」轉變成觀察之下的「在**此處或者他處**」，其實際過程究竟為何並不為人知；但大多數物理學家一直樂於採用由玻爾所提出的務實觀點──它就是這麼發生了，他稱之為「不可逆的擴大過程」。不可思議的是，對於二十世紀多數的專業量子物理學家而言，這種觀點就夠用了。玻爾在量子世界（怪異事件可於其中發生）以及我們所處的巨觀世界（一切事物的表現都是合理的）之間，任意地做出區別。偵測電子的儀器設備顯然是巨觀世界的一部分；但這種量測過程究竟如何發生、為何發生、以及何時發生，玻爾並未釐清。這正是薛丁格所提出的問題──微觀與巨觀之間的分界究竟何在？我們認為，界線顯然落在原子與貓這兩個尺度之間的某處。果真如此的話，我們該如何界定這種區隔？畢竟貓本身也是原子的集合體。換言之，不論是蓋格計數器、干涉儀、一部具有各種旋鈕和轉盤的精密儀器，甚至是一隻貓，任何量測裝置終究都是由原子組成。那麼，在受到量子定律規範的量子尺度，以及量測儀器所在的巨觀世界之間，我們要如何劃分界線？構成量測裝置的究竟是什麼？

在充滿大型物體的日常世界中，我們一向理所當然地把各種物體所呈現的樣貌當作其「真實形態」。我們如果看見某樣東西，表示光從那樣東西進入我們眼裡。然而，如果在我們希望看到的物體上打光，當光線投射其上再反射時，將會造成干擾並使其狀態產生細微的改變。當我們看著大型物體，例如汽車、椅子、人，甚至在

顯微鏡下觀察活細胞，都不會帶來任何問題，因為光粒子（光子）與被觀測物體之間的碰撞並不會產生任何能被我們察覺到的效應。但是，如果我們觀測的是量子物體，由於它們本身尺度跟光子一樣小，情況就不同了。每個作用力會產生大小相等且方向相反的反作用力。為了「看見」電子，我們得讓光子從它身上反射出來，如此一來就會將電子從它原本的路徑上撞開。

換句話說：為了獲得某個系統的資訊，我們必須對它進行量測，但在此同時，我們往往也無可避免地改變了它的狀態，導致我們無法觀察到它真正的性質。在不試圖證明量子量測的微妙性之下，我試著用簡單的詞彙解釋關於量測的概念。希望這能幫助讀者理解。

讓我們暫且先喘口氣，回顧一下到目前為止談過的。我們知道量子世界難以掌握，總有些事情偷偷摸摸地發生；這些現象不僅在我們日常世界中不可能發生，而且還難以捉摸，讓我們無法透過量測去掌握。一旦打開薛丁格的箱子，我們總會發現一隻活的或是死的貓，而不是這兩種狀態的疊加。這麼看來，我們並沒有更接近悖論的解答。

孤注一擲的嘗試

那麼，物理學家對於薛丁格的論文有何反應呢？玻爾和海森堡並不認為，盒子打開之前的貓確實同時處於死的與活的兩種狀態。他們並未提供這個悖論的合理解答，反而藉由一個巧妙的論點迴避它。他們堅稱，在打開盒子並查驗內容物之前，我們無法對貓下任

何評斷，甚至連賦予它一個獨立的現實存在都不行。「貓是否真的同時既死又活」並不是一個恰當的問題。

他們所持的理由是，當箱子是封閉的，我們根本無從討論貓的「真實」狀態。我們只能檢視，方程式如何預測箱子打開時我們會發現什麼。量子力學無法告訴我們箱子裡頭發生的事，甚至無法明確告訴我們打開箱子會發現什麼；它只能預測我們發現貓死亡或存活的可能性。如果真的進行這種實驗並且重覆多次（犧牲許多隻真的貓），量子力學的預測就會是正確的（就像我們得多次拋擲硬幣才能確認，正反兩面出現的統計概率各為百分之五十）。這種量子概率非常準確，但唯有堅信原子處於兩種態的疊加，我們才能算出以上的結果。

多年來，即便未能解釋量子詭異性，許多物理學家還是嘗試找出量子世界運作的方式；為了解決薛丁格的貓這個難題，有些非常奇特的建議被提出。其中一個構想稱為交換理論（transactional theory），不僅牽涉到跨空間的瞬時連結（光是這點就已經夠嚴肅了），還有跨時間的連結。根據這種觀點，打開薛丁格箱子的動作會向過去傳遞一道訊息，通知放射性原子「決定」是否進行衰變。

有一陣子，大家甚至喜歡把意識心智加入量測，迫使量子世界轉換到巨觀世界，認為意識的某種獨特性能夠驅動「不可逆的擴大過程」，導致量子疊加消失。畢竟沒有人知道，具有疊加性質的量子世界和具有確切量測結果的巨觀世界之間的界線在哪裡；或許等必要時，再劃出一條界線即可。既然測量裝置（例如偵測器、螢幕、貓）本身也是原子的集合體，其行為也應該與其他量子系統一樣。不過因為它非常龐大，當我們的意識心智認知這點之後，便被

迫棄用量子的描述。

在人類意識的層次上，訂出被量測物與量測者的分界，此舉與哲學家所謂的「唯我論」（solipsism）沒有兩樣——觀測者是宇宙的中心，一切事物都是他（她）憑空想像出來的。還好，這種觀點已在多年前遭到揚棄。不過有趣的是（有時候也挺人振奮），仍有許多不是物理學家的人主張，因為我們尚未完全了解量子力學本身或者意識的起源，這兩者之間必然存在某種意想不到的關聯。這種臆測雖然好玩，但在嚴謹的科學領域中還未能占有一席之地。

那麼貓呢？牠是否不具意識？牠在箱子裡難道無法進行「觀測」？有一個顯而易見的方法可以檢驗這個觀點。如果將貓換成一位自願受試者，並且將致命的毒藥換成只會導致自願者失去意識的藥劑，情況會變得如何呢？（我們其實也可以用這種方式進行貓的實驗，是吧？）當箱子打開時會出現什麼？顯然，我們不會看到自願者同時處於清醒態與昏迷態；在放他出來之前，我們也無法說服他正處於這兩種態的疊加。如果他是清醒的，他會回報在整個過程中除了有點緊張之外，大致上覺得還不錯。如果我們發現他已昏迷，在恢復意識後，他可能會告訴我們，在箱子關上後十分鐘他就聽到裝置啟動的聲音，並且開始感到頭昏。接下來就跳到被嗅鹽喚醒的畫面了。

儘管單一原子能夠處於量子疊加態，但自願者顯然不行。由於自願者沒什麼特點（他的意識本來就具備量測的資格，不管他是否有博士學位或穿著白色實驗衣），我們恐怕無法在他與貓之間找出任何其他明顯的區別。因此，我們被迫得出以下的結論：在箱子打開之前，我們並沒有任何理由將貓描述成既是死的又是活的，除非

有其他只有貓才知道的理由。

量子漏失

　　如果貓根本就不可能處於不同態的疊加，那麼微觀的量子世界與我們的巨觀世界之間的分野，顯然會更傾向量子的那一端。讓我們更仔細地來探討一下所謂「量測」是什麼意思。

　　想想埋藏在地底深處岩石裡的鈾元素所經歷的狀況。在非常罕見的情況下，這種原子會自發性地分裂成兩個較輕的碎片並飛散開來，同時釋出大量的能量。這些能量就是核反應爐所產生的熱，可轉換成電力。這些原子核的碎片大小大約是原本鈾原子核的一半，它們生成時緊緊挨在一起，但會往任何方向飛散開來。量子力學告訴我們，在進行量測之前，我們必須假設每個碎片可能往任何方向飛開。如果我們把它們看成是波而不是粒子的話，就很容易理解這點，就像石子落入池塘後激起擴散開來的水波一樣。但我們知道，這些核分裂的碎片其實會在岩石裡留下細微的軌跡，在有些礦石裡甚至用顯微鏡就能觀察出來。事實上，研究這些長度只有千分之幾毫米的軌跡，在岩石的放射性定年法中是相當有用的技術。

　　重點在於：由於這些軌跡是在量子世界中產生的，在進行量測之前，我們必須描述它們出現（如果鈾原子核裂變）與未出現（如果未裂變）的狀態同時存在。如果鈾原子核已裂變，我們的描述就會馬上變成這些軌跡出現在所有方向上。但是，構成量測的要素是什麼？難道，岩石原本處於化外之境，裡面的軌跡同時存在也不存在，直到我們用顯微鏡觀察？當然不是這樣，這些岩石裡要不是有

軌跡，就是沒有，無論我們是在今天對岩石進行分析、在一百年後
進行，或是永不進行。

　　對於量子世界的量測必然時時刻刻地在進行，而具有意識的
觀察者（無論他們是否穿著實驗衣）在量測中顯然並未扮演任何角
色。正確的定義應該是，當發生的「事件」或「現象」被記錄下來
時，量測就已經發生。比方說粒子留下一條軌跡，好讓我們稍後想
做觀察時能看到它。

　　這點似乎顯而易見，所以如果你覺得量子物理學家怎麼可能蠢
到去思考別的可能，也情有可原。但話說回來，量子力學的一些預
測確實是合理的；我們需要的是釐清如何記錄量子世界的事件，也
就是當量子的詭異現象（同時往兩個方向移動，或是同時進行與不
進行某些事）發生漏失（leakage）時。

　　在一九八〇年代和九〇年代，物理學家們開始領悟其中的道
理。他們思索以下的情況：假設一個孤立的量子系統（例如單獨的
原子）不再怡然自得地以遺世獨立的疊加態繼續存在，而與巨觀的
量測裝置產生耦合。這些裝置甚至可以是周遭環境，例如岩石。依
照量子力學的規範，構成量測裝置或岩石的數以兆計原子也必須以
疊加態存在。然而，這些精細的量子效應太過複雜，在如此巨大的
巨觀設備中無法維持，於是便漏失了，就像熱能從高溫物體散逸掉
一樣。這個過程稱之為「退相干」（decoherence），目前各種討論
與研究便是針對這個課題。其中一種理解的方式是，巨觀系統內的
原子之間各種可能交互作用的組合，會產生為數驚人的疊加態，於
是個別的精細疊加態便無可挽回地遺失了。回復原來的疊加態有如
將一副撲克牌「逆洗牌」，但困難度又高得多。

　　現今許多物理學家將退相干當成宇宙中無時無刻、無所不在的真實物理過程。當一個量子系統不再孤立於周遭環境（可以是一台蓋格計數器、一塊岩石、周圍的空氣分子乃至於任何物體；不需涉及具有意識的觀察者），這個過程便會發生。如果它與外部環境的關聯夠強，原有的精細疊加態喪失的速度就會非常快。事實上，退相干是整個物理界中最迅速且最有效的過程之一。這種卓越的效率正是退相干的過程之所以能逃過科學家法眼這麼久的原因。直到現在，物理學家才開始慢慢知道如何控制與研究它。

　　即使我們尚未完全了解退相干的過程，但我們至少可以開始釐清這個悖論了。我們之所以不會同時看到薛丁格的貓死了又活著，是因為遠在我們打開箱蓋之前，退相干就已經在蓋格計數器裡發生了。蓋格計數器能夠記錄原子是否衰變，所以它迫使原子做出決定。在任何給定的時間間隔裡，原子不是產生衰變，使蓋格計數器記錄到它，引發最後置貓於死地的一系列事件；不然就是未產生衰變，蓋格計數器也沒記錄到任何事件。一旦我們從量子世界的疊加態中探出頭來，我們就回不去了，只剩簡單的統計概率可用。

　　二〇〇六年發表的一篇論文裡所進行的一項簡潔實驗中，兩位劍橋科學家羅傑・卡本特（Roger Carpenter）與安德魯・安德森（Andrew Anderson）證實，量子疊加的崩陷（collapse）與量子詭異現象的漏失確實發生在蓋革計數器的使用上。不過這個實驗並未受到關注，也許因為大多數量子物理學家認為，在這方面已經沒有任何懸而未決的難題。

　　看來，退相干不僅告訴我們為何不會看到薛丁格的貓同時活著且死了，而且也開宗明義地說明為什麼貓不會處於這種中間態。當

然，退相干並沒有告訴我們量子系統怎麼選擇某個選項。量子力學依然具有機率的性質，個別量測的不可預測性並未消失。

至於兩個選項當中的任一個是如何被選到的，如果你相信多重宇宙理論，就不需要特別解釋了——在某個宇宙裡貓會死亡，在另一宇宙裡則會存活。一旦你打開盒子，就等於找出你處於哪個宇宙裡：死貓的宇宙或活貓的宇宙。無論你在哪個宇宙中，總有另一個你在別的宇宙裡打開盒子，發現別的結果。簡單明瞭，對吧。

10 費米悖論

外星人都上哪去了？

　　義大利裔美國物理學家，也是諾貝爾獎得主的恩里科・費米（Enrico Fermi）對於量子力學與原子物理有許多重要貢獻。他在一九四○年代早期建立第一座核子反應爐，亦即芝加哥一號反應堆（Chicago Pile-1）；兩種基本粒子的其中一種以他的名字命名，即「費米子」（另一種是玻色子）；甚至有一種長度單位叫做「費米」，也是以他為名，是極其微小的「飛米」的別稱，等於一毫米的一兆分之一，是核物理與粒子物理常用的尺度單位。但本章所要討論的，是費米於一九五○年提出的一個問題，與他的次原子物理研究沒有任何關聯。它是最深刻也是最重要的一則悖論，因此我保留到最後一章來探討。

　　費米提出的著名問題來自某一次午餐時間與幾位同事的對話，當時他正在新墨西哥州的洛斯阿拉莫斯國家實驗室（Los Alamos National Laboratory）進行夏季訪問，那裡也是原子彈以及曼哈頓計畫的故鄉。他們之間的交談圍繞著有關飛碟的輕鬆話題，以及飛碟是否可能超過光速航行，從遙遠的星系來到地球。

　　費米悖論的敘述如下：

宇宙的歷史如此漫長，幅員如此遼闊，光是銀河系就有數千億顆恆星之多，其中許多恆星擁有各自的行星系統。因此，除非地球具有蘊育生命的條件而獨具一格，否則宇宙中應該處處可見具有高度智慧文明的類似星球，其中的許多文明可能已發展出太空技術，並且已經造訪過我們。

那麼，他們究竟到哪兒去了呢？

費米認為，如果太陽系並非唯一包含一個以上適合居住行星的星系，對於其他任何稍具擴張野心以及完備太空技術的外星文明而言，顯然有充裕的時間完成整個星系的殖民任務。他與同事共同估計，任何族類要達到此一目標約需耗時一千萬年。儘管這看起來似乎是一段漫長的時間，而且只是個稍嫌粗略的估計，然而要注意的是，這段過程只占了整個星系年齡的一小部分（在本例中約占千分之一）——別忘了智人（Homo sapiens）僅存在二十萬年左右。

這則悖論可以簡化為以下兩個問題：

- 如果生命並不特別，那麼其他外星生命究竟在哪裡？
- 如果生命非常特別，那麼為什麼宇宙微調得如此恰到好處，讓生命只出現在地球上？

如果我們星球上的生命在最惡劣的環境中也能繁衍苗壯，為什麼在其他類地行星上不會發生類似的事？也許問題不在於生命出現之後的繁衍，而是生命如何產生。在探討這則悖論及相關議題是否已被科學家破解之前，我們先大略瀏覽一下最常被想到的解答。

1. 外星生物的確存在，並且已經造訪過我們。 由於我們並沒有

合理證據支持幽浮愛好者和陰謀論者天馬行空的幻想，基於這個正當理由，我會排除這個選項。不過許多人仍然相信外星人已經乘著飛碟抵達，不論在數千年前短暫停留，建造金字塔之後再度離去，或者至今仍停留在地球上，綁架無辜受害者進行離奇的實驗。

2. 外星生物存在於某處，但尚未與我們接觸。 我們可以想出許多高等外星文明為何不讓我們發現其存在的理由。比方說，也許他們不希望向星系的別處散播存在的訊息（不像我們人類），也許他們並不打算搭理我們，直到我們的科技夠進步，具備加入銀河系俱樂部的資格為止。這當然是假設所有外星文明的思考邏輯都與我們很相近。

3. 我們探索的方式不對。 五十年來我們一直在監聽來自外太空的訊號，迄今仍未偵測到任何訊息。但或許我們並沒有朝向太空的正確區域探索或調整到正確的頻率；不然就是信號與訊息已經送達地球，但我們尚未成功解碼。

4. 別處的生命正不斷消失。 我們可能不明白地球上的生物何其幸運。其他恆星系統裡適合孕育生命的行星，可能得定期承受各種毀滅性的行星、恆星或星系事件，諸如冰河時期、隕石或彗星的撞擊、巨大的恆星閃焰或伽瑪射線爆等。在此類事件頻繁發生之處，生命沒有足夠的時間演化出有智慧、有能力進行太空之旅的物種。不過情況也可能相反，其他星球上的環境過於舒適，他們無需經歷大規模滅絕；這類滅絕過程被認為是生物多樣性的推手，由演化中誕生出智慧。

5. 自我毀滅。 有人認為宇宙中的所有智慧生物將不可避免地自我毀滅，不論是因為戰爭、疾病或對居住環境的破壞，發生的時間

點大約在科技進步到能夠進行太空旅行時。如果屬實，這對我們而言將是一記警鐘。

6. 外星人實在太……怪異了。我們很容易假設外星人與我們相近，擁有我們想像得到的未來科技。有很好的理由支持這種想法，因為各種生命都必須遵循物理定律並受其規範，不過也有可能我們根本無從設想與我們截然不同的智慧生物。當然，我的意思並不是指他們的長相都像電影中的 ET 一樣，而是我們傾向於假設他們也是碳基（carbon-based）生物，擁有肢體與眼睛，並且透過聲波彼此溝通。

7. 我們確實獨自存在於宇宙中。也許生命發生所需的必要條件非常稀有，只出現在少數幾處地方，而地球是唯一孕育出能夠駕御大自然的智慧生命的星球，人類能向宇宙發送自己存在的訊息。也許地球真的是唯一一個有生命的地方。

以上所有可能性都只是猜想，其中多半是沒有根據的臆測。費米個人的觀點則是，即使智慧生命極有可能存在於銀河系的其他地方，但由於星際旅程之遠與耗時之久，在光速的限制下，沒有任何文明認為值得費時費力來造訪我們。

費米沒有考慮到的是，即使技術先進的外星人從來沒有離開過他們的星球，我們或許依然能夠發現他們的存在。畢竟我們已經向外太空宣告我們的存在長達一世紀之久。從我們使用無線電和電視向世界各地播送訊息開始，這些信號就一直外洩到太空中。或許有某個數十光年外的外星文明，碰巧將他們的電波望遠鏡指向我們的太陽，進而接收到許多微弱而複雜的微波信號，這些信號正是環繞太陽的其中一個行星上具有生命的跡象。

　　假設同一套物理定律放諸宇宙各處皆準，而電磁波是宇宙中傳遞訊息最簡單也最通用的方法之一，我們便可預期其他科技發達的文明，在其發展過程中的某階段也會採用這種通訊方式。一旦如此，他們的信號也會外洩到太空中，以光速在星系內傳播。

　　二十世紀的天文學家們很快地便開始認真考慮使用新建的無線電波望遠鏡監聽太空信號的可行性。這種對於外星智慧生物的嚴謹探索，是從某個人開始的。

德雷克及其方程式

　　第一位真正的 ET 獵人是天文學家法蘭克・德雷克（Frank Drake），他任職於西維吉尼亞州綠堤（Green Bank）的國家電波天文台（National Radio Astronomy Observatory）。他在一九六〇年進行一項實驗，透過監聽無線電頻段的電磁波信號來尋找遙遠恆星系統的生命跡象。這個計畫稱為奧茲瑪（Ozma），取材自法蘭克・鮑姆（Frank Baum）所著的兒童讀物中，翡翠國統治者奧茲瑪公主的名字。

　　德雷克將他的無線電波望遠鏡指向太陽系附近兩個類日恆星，鯨魚座 τ（Tau Ceti）和波江座 ε（Epsilon Eridani），分別距離地球十二光年和十光年，兩者看起來都是可能擁有適居行星的合理候選恆星。他調整碟盤天線擷取某特定頻率的無線電波信號──由宇宙中最輕、最簡單、也最豐富的元素「氫」所產生的特殊電磁輻射，也是任何外星文明揭露自己存在最可能的選擇。他記錄數據並仔細檢查，試圖從背景噪音中找出任何夾帶的有意義信號。他每天

記錄數小時，但持續記錄數個月的數據經過比對之後卻一無所獲，除了來自一架高空飛過的飛機所發出的信號之外。但是德雷克並不氣餒，他始終認為，這個過程就像買樂透彩券一樣，只有在手氣好得出奇的情況下才會得到某些發現。

再接再厲的德雷克隔年籌辦了第一次的 SETI（Search for Extraterrestrial Intelligence，地外文明搜尋計劃）會議，邀請了據他所知當時可能對這個議題感到興趣的所有科學家（共計十二人）。

為了專注地進行研究，他提出一條數學方程式，用來計算地球上偵測得到無線電波信號的銀河系內文明總數（N）。他將其他七個數字相乘，算出這個數目。這個如今以他命名的方程式如下：

$$N = R_* \times f_p \times n_e \times f_l \times f_i \times f_c \times L$$

這很容易解釋。我將逐一介紹每個符號代表的意義，並且在括弧內附上德雷克進行初次計算時所假定的數值，如此一來讀者便可以得知他如何算出最後的數目。第一個符號 R_* 代表銀河系中每年新星形成的平均數目（德雷克假設這個數值是每年十顆）。下一個 f_p 代表這些恆星擁有行星系統的比例（0.5）；n_e 是每個太陽系擁有適合生命環境的行星數量（2）；f_l、f_i、f_c 則分別代表這些行星上真的出現生命的比例（1）、孕育生命的行星中出現智慧生命的比例（0.5）、這些文明的科技發展到能向外太空發送信號的比例（1）。最後，L 則代表這些文明持續向宇宙發送可偵測信號的時間長度（一萬年）。將這七個數字相乘之後，德雷克得出 $N = 50,000$ 的答案。

這是一個令人印象深刻的數字，足以凸顯費米悖論的重要性。

但這數字的可信度如何呢？答案當然是一點也不可信。即使這七個數值就足以代表我們非知道不可的一切，得出的值也不過是個概略的推測。前三個因子 R、f_p、n_e 的數值在半世紀前仍不明朗，如今因為天文學與望遠鏡技術的進展，已變得較為確定，尤其近來陸續發現許多太陽系以外的行星（即太陽系系外行星，extrasolar planets）之後。

接下來的三個因子，則攸關具備通訊能力的智慧生命出現的機率。這三者都是介於 0（完全不可能）和 1（必然發生）之間的任意值。德雷克使用了一些極為樂觀的數值。他深信，如果在類地行星上也有適合生命存活的條件，那麼生命的出現將無可避免（$f_l =$ 1）；生命一旦出現，有一半的機會將演化出智慧生物（$f_i = 0.5$）；果真如此，這個智慧族類一定會發展出電磁波相關技術，並將電磁波送進太空（$f_c =1$），無論他們是否刻意發送某種訊息。

不過這些數值只是順道一提罷了。德雷克方程式所做的，遠比估算銀河系內外星文明的數量來得重要。它揭開全世界搜尋來自太空信號的序幕，至今仍持續進行。

SETI

SETI 是全世界多年來積極尋找外星訊號的許多計畫的總稱。自從科學家了解如何發送和接收電磁波信號開始，我們就開始傾聽來自宇宙的潛在訊息，最早甚至可追溯到十九世紀末葉。

一八九九年，生於塞爾維亞的電機工程師兼發明家尼可拉・特斯拉（Nikola Tesla）在其科羅拉多泉（Colorado Springs）的實驗室

裡，運用他新開發的高感度無線電接收器研究暴風雨所產生的大氣電學。過程中他監測到一連串發出一、二、三、四次嗶嗶聲的微弱數字信號。他深信這些信號來自火星。他在一九〇一年接受雜誌專訪時，回憶自己當時的激動：

　　當我突然間領悟，這些觀察到的現象可能對人類產生無可估量的後果，我永遠無法忘記那一瞬間的激動……我的第一個觀測結果著實把我嚇壞了，其中有一些神祕的，甚至是超自然的東西。當晚我獨自待在實驗室裡……〔電波信號〕規律地出現，帶著數字與順序的明確跡象，而我卻無法為這些信號找到任何已知的成因……一段時間之後，腦海中掠過一個想法：我所觀察到的干擾，很可能是出自某種智慧生物之手。❺

　　雖然特斯拉的談論招來廣泛的批評，但他所偵測到的信號之謎仍未解開。

　　針對可能來自地外智慧生物的無線電波信號，一九二四年美國的一項短期計畫首次進行嚴謹的探討。當時普遍相信，最可能存在外星文明的星球是我們的鄰居火星；假如火星人打算跟我們通訊，他們會在這兩顆行星最接近的時刻進行。這會發生於地球穿越火星與太陽之間的時候，稱之為「衝」（opposition）。這個現象有一次發生於一九二四年八月二十一日至二十三日之間，這時候的火星

---

❺原註：出自〈與行星交談〉（*Talking with the Planets*），《科裏爾周刊》（*Collier's Weekly*），1901年2月19日，第4至5頁。

是數千年來最接近地球的一次（這個紀錄在二○○三年八月打破，接下來在二二八七年還會再度打破）。當時人們認為，如果真的有火星人，他們會利用這次大接近的機會將信號傳送到地球。美國海軍非常認真地看待這個觀點，為此推行了一個「全國無線電靜默日」，要求全國各地所有電台在火星通過的三十六小時內，每逢整點關閉五分鐘。位於華盛頓的美國海軍天文臺，則在一艘上升到一萬英尺高的飛船中安裝一部無線電接收器，全美各地的所有海軍無線電台也奉命監控是否出現任何異常的電波。但他們所聽到的只有一片寂靜，以及那些未遵守無線電靜默日的私人廣播電台所發出的信號。

在德雷克的原始計畫之後，SETI 運動才算真正風起雲湧，並且將搜尋範圍擴大到太陽系以外。以下說明能使讀者了解電波望遠鏡已將監聽範圍擴展至多遠。德雷克在一九六○年監測的兩顆恆星大約在十光年以外，約是火星到地球之間距離的二百萬倍。這有點像你把一只杯子貼在你的牆上想偷聽鄰居的交談，卻什麼也沒聽到，於是你決定在倫敦偷聽紐約的對話。最關鍵的部分，顯然在於決定電波望遠鏡究竟要指向何處。

加州的 SETI 研究機構（SETI Institute）成立於一九八四年，數年後開始執行「鳳凰」計畫，由天文學家吉兒·塔特（Jill Tarter）主導，她也是卡爾·薩根（Carl Sagan）的小說《接觸未來》主角的靈感來源。一九九五至二○○四年間，鳳凰計畫使用位於澳洲、美國與波多黎各的電波望遠鏡，觀測距離地球二百光年以內的八百個類日恆星。他們什麼也沒找到，但這個計畫為研究外星生命建立起極有價值的資訊來源。塔特與天文學家同事瑪格麗特·特恩布爾

（Margaret Turnbull）合作，將可能擁有足以蘊育生命行星系統的鄰近恆星（稱為「適居恆星」，habstars）分門別類，這個目錄被稱為「適居恆星表」（HabCat），目前已包含超過一萬七千顆恆星，其中大部分距離地球數百光年以內，並擁有適當的條件和特性，使他們成為可能擁有類地行星環繞運行的候選恆星。

二〇〇一年，微軟聯合創辦人保羅・艾倫（Paul Allen）同意資助 SETI 設立無線電波望遠鏡陣列的首期建造工程，稱為艾倫望遠鏡陣列（或 ATA）。這個興建工程仍在舊金山東北方幾百英里處持續進行中。完工後，三百五十個直徑六公尺的無線電接收碟盤將同時運作。第一階段工程在二〇〇七年完成，共有四十三具天線開始運作。但由於政府刪減研究經費，這個計畫在二〇一一年初暫時中止。不久之後，一個新成立的社群團體開始尋求私人贊助，以便重啟該計畫。數千民眾慷慨解囊提供捐助，其中包含電影明星茱蒂・福斯特，她在改編自卡爾・薩根小說的好萊塢電影《接觸未來》中飾演吉兒・塔特。這一切都讓我感到窩心而滿足。

目前尋找 ET 的活動毫無放棄的跡象，反而變得更加熱絡。截至目前為止，我們只在電磁波頻譜中有限的範圍內，仔細觀測了幾千顆恆星。ATA 計畫探索遠達一千光年內的一百萬顆恆星，搜索的頻率範圍也更廣。德雷克當初決定觀察星際氫元素產生的 14.2 億赫茲（1.42GHz）電波，這是個明智的選擇。我們的天空非常吵雜，充滿來自各處的無線電波，包括銀河系噪音、帶電粒子穿過地球磁場產生的噪音，以及宇宙形成之初遺留下來的微波背景輻射。ATA 所監測的頻率範圍介於 10 億到 100 億赫茲（1~10 GHz），稱之為「微波窗口」（microwave window），是電磁波譜當中特別安靜的

區段，非常適合用於探索地外生物的信號。

近年來，嚴謹的學術研究主要著重於搜尋可能孕育出智慧生命的類地行星，而非智慧生命的跡象。時至今日，太陽系外行星的搜尋仍是科學研究中最熱門的領域之一。

系外行星

我相信我不是唯一一個對於太陽系外行星（簡稱系外行星）的搜尋與研究感到格外興奮的人。觀察與研究恆星是一回事，從恆星所發出的光當中，我們能夠獲得許多關於其組成及運行方式的資訊。但研究行星則是另一件事，它們不僅遠小於恆星，而且只能反射主星的光，其亮度甚至比最暗的恆星還暗百萬倍。因此，我們只能以間接的方式推斷它們的存在。最常用的方式是所謂的「凌日法」（transit method），也就是當行星經過恆星前方時，會使恆星亮度略降的現象。另一種方式，則是觀察行星的引力對於質量大很多的主星所造成的影響，主星會產生輕微的擺動。這種現象可以由恆星朝向或遠離我們運動時，其光譜所產生的頻率變化（亦即都卜勒偏移）中觀測到，或者直接測量其位置變化亦可。

讓天文學家們特別感興趣的是一些類地行星，它們像地球一樣由固態岩石構成，擁有和地球相近的重力，而且與主星的距離適中，水能以液態存在於星球表面，使得它們具有繁衍生命的潛力。

截至我撰稿為止，我們已經發現了七百顆左右的太陽系外行星。不過，這個數據很可能會急遽增加。二〇〇九年，美國航太總署的克卜勒任務發射一艘太空船，上面載了發現系外行星所需的

儀器。二〇一一年二月，克卜勒研究小組公開一份包含了一千兩百三十五顆可能的太陽系外行星名單，其中有五十四顆行星似乎落在適居帶，當中還有六顆行星與地球大小相同或類似。

據估計，銀河系中至少有五百億顆行星，其中至少有百分之一（也就是五億顆）落在適居帶。另外一種方法則估計這種適合居住的類地行星總共高達二十億顆以上，其中的三萬顆距離地球一千光年以內。

截至目前為止，有兩顆已證實落在適居帶的系外行星特別引起科學界矚目，並不是因為它們出現任何支持生命存在的證據，而是因為它們可能是最接近地球的「適居帶行星」（Goldilocks planets）。它們擁有適合生命存在的條件，既不太熱，也不太冷，就像童話故事中熊寶寶的麥片粥一樣。第一顆行星叫做格利澤 581d（Gliese 581d），繞著格利澤 581 紅矮星運轉，位於距離地球二十光年的天秤座中。這顆行星名字結尾的字母 d，表示它是被發現繞此恆星公轉的第三顆行星（每一顆恆星的行星都是按照字母順序由 b 開始命名，恆星本身則是 A）。格利澤 581d 行星的大小是地球的五倍以上，最近的氣候模擬研究顯示，它擁有穩定的大氣層，星球表面有液體水。另外還發現其他幾個可能適合居住的行星也圍繞著這顆恆星運行，不過尚有待確認。

第二顆候選行星是 HD85512b，圍繞恆星 HD85512 公轉——這麼命名是因為它被收錄在亨利・德雷柏（Henry Draper）的恆星目錄中。它位於距離我們三十六光年的船帆座中，是至今發現最小的適居帶系外行星之一，目前被認為是最有可能存在外星生命的行星。它的大小約為地球四倍，表面重力為地球的一倍半，大氣頂層

溫度估計為 25℃，地表上的溫度未知，但可能高上不少。它的一年（也就是環繞主星一周所需的時間）只有五十四天。

更令人興奮的是，二〇一一年年底，克卜勒任務宣布第一個確認存在的系外行星克卜勒 22b（Kepler 22b），相較於格利澤 581 以及 HD85512 這兩顆恆星與地球的距離，雖然其主星距離地球更遙遠（將近六百光年），但它非常類似我們的太陽（G 型主序星）。初步估計克卜勒 22b 的直徑約為地球數倍大，不過它究竟多大還不確定；我們也還無法確認它是否像地球一樣是顆岩石行星，或是類似木星和土星的氣體行星。如果確定是由岩石組成，那麼很可能在它表面會有液態水；而它以適中的距離環繞著一顆類似太陽的恆星公轉，使它成為能夠孕育生命的潛在候選行星。

我們是否能在短期內找到以上所有問題的解答，這點仍值得商榷，但我們在短時間內已經在系外行星的研究上獲得豐碩的成果，而新發現仍將繼續紛至杳來。

我們有多麼特別？

當然，適合生物生存的行星很重要，不過最大的問題是：在適當的條件下，其他星球有多大的機會能孕育出生命？要回答這個問題，我們得了解地球上的生命是如何開始的。

我們的星球充滿了植物、動物及細菌等生物。許多物種似乎能在最惡劣的環境中茁壯成長，特別是微生物——從極冷到極熱，不論有沒有陽光。生命的多樣性，加上生命似乎在初生的地球冷卻下來不久之後隨即欣欣向榮，從這些情況來看，生命的出現並不是很

困難的一件事。但這個觀點是否正確呢？我們現在知道，宇宙他處（或者更確切地說，在太陽系裡的別處）至少存在著適合細菌生存的環境條件，因此我們可以合理預期，生命或許已經在其他星球上出現。可單就我們所居住的地球而言，它有多特別呢？

地球離太陽的距離恰到好處，不會太熱，也不會太冷。巨大的木星在地球軌道之外環繞太陽運轉，這也對地球有益，因為木星就像保護弱小的大哥，它強大的重力吸引了許多在太空中遊蕩的碎片，防止它們抵達地球軌道撞上我們。

地球的大氣非常重要，不僅因為它提供我們呼吸所需的空氣（畢竟生命在地球大氣含有氧氣之前就出現了），而是因為它與電磁輻射產生交互作用。在可見光下大氣是透明的，但它會吸收一部分的紅外光（熱），不論在它（從太陽發出）進入大氣層或離開大氣層（地表輻射）的過程中皆然。這種「溫室效應」使大氣變暖，讓水能以液態形式存在於地表上，比起冰或水蒸氣，液態的水對於孕育生命更有利。

我們的月亮也極為重要。它的引力使地球的自轉穩定下來，讓地球擁有穩定的氣候以供生命繁衍；而在月亮環繞地球運行的過程中對地函產生的潮汐力，可能幫助地函升溫並使地球產生磁場，特別在數十億年前當它距離地球比現在更近的時候。這個磁場進一步保護我們的行星免受太陽風的吹襲，否則地球的大氣將會被太陽風吹入太空中。

即便是板塊運動這類過程也不可或缺，因為它們幫忙回收穩定大氣溫度所需的碳，並且補充地表上生物所需的養分；它們可能也有助於地球磁場的形成。

　　或許，我們的行星真的非常特別。這是否就意謂生命的誕生乃是必然的結果？一旦生命出現並由演化機制接手，生命就會自行尋找出路，但真正的課題在於如何跨出第一步。

　　一般認為地球上第一種生物是單細胞的原核生物（prokaryotes，一種沒有細胞核的簡單生物體），出現在距今約三十五億年前。這些生物有可能是由原生體（protobionts）演化而來；原生體是被一層膜包住的有機分子集合體，具有繁衍與代謝的能力，而這正是生命的兩個關鍵特徵。

　　我們還不知道的是，哪些一系列的事件使得如氨基酸（形成蛋白質所必須）與核苷酸（我們的 DNA 構成單元）這些有機分子結合成第一個「繁殖體」。「生命如何開始」是科學上最重要的問題之一，被稱為無生源論（abiogenesis）。許多人將「生源論」（biogenesis，生命只能由其他生命產生的理論）與「無生源論」（生命由無機物質誕生的自然過程，即化學如何轉變成生物學）混為一談。無生源論的研究是為了找出一般稱之為「自然發生」（spontaneous generation）的神奇步驟，也就是將無生命的物質轉化為生命的過程。

　　有人認為，地球上生命的自然發生是極端罕見的，就好像一陣強風吹過垃圾場之後，從該處的材料中碰巧造出一架完整的大型噴射客機。這些人認為，這就是有機分子碰巧正確地組合在一起形成最簡單生命型態的機率，簡直是某種不可思議的巧合。這個類比恰當嗎？

　　芝加哥大學的斯坦利・米勒（Stanley Miller）和哈洛德・尤瑞（Harold Urey）在一九五三年進行了一項著名的實驗，試圖解答這

個問題。他們想看看是否能在試管中由基本成分創造出生命。他們將水與三種氣體混合，分別是氨、甲烷和氫，認為這種組合與地球早期的大氣成分相符，並加熱使其汽化。接著他們透過兩個電極產生火花，模擬地球大氣層中的閃電，再將蒸汽冷凝。經過一個星期不斷重複這個過程後，他們發現有機化合物開始形成，包括對生命不可或缺的氨基酸在內，它們在活體細胞中會依特定順序組成蛋白質。但完整的複雜蛋白質在實驗中並未出現，也沒有發現另一種生命的關鍵成分核酸（例如 DNA 和 RNA）。

　　儘管這個開端充滿希望，但在這個重要實驗進行超過半世紀以來，科學家卻尚未創造出人造生命。生命自發產生的可能性真的這麼微小嗎？我們知道它至少發生過一次，我們的存在就是最好的證明；然而有個有趣的問題是，現今地球上的所有生命是否源自單一祖先？如果不是的話，就意謂生命的自然發生不只出現一次，也可能不如我們所想的那麼特別。

　　最近一項備受爭議的研究似乎挑戰了這種想法。它是關於在加州某個奇怪的沙漠湖中所發現的「GFAJ-1 菌株」（這證明微生物學家在為其發現命名時，與天文學家一樣缺乏想像力）。莫諾湖（Mono Lake）約形成於一百萬年前，其化學組成非常不尋常。它的鹹度是海洋的兩到三倍，含有氯化物、碳酸鹽和硫酸鹽，具強鹼性，pH 值是 10。雖然湖裡沒有魚，湖水的化學成分卻令它成為某種單細胞藻類以及數以兆計微小鹽水蝦的理想棲息地。每年當中有幾個月的時間，有數以百萬計的候鳥在此聚集，這些鹽水蝦正好成為候鳥的主食。喔對了，湖中還含有豐富的砷。

　　以斐莉莎·沃爾夫—賽門（Felisa Wolfe-Simon）為首的一支

NASA（美國航太總署）生物學家對微小的 GFAJ-1 細菌產生興趣，它似乎能夠攝取砷維生──這件事前所未見，因為砷是一種對其他所有生命具有毒性的元素。

我們知道地球上的生命有各種不同的元素，但 DNA 本身僅由五種成分構成：碳，氫，氮，氧和磷。問題在於，它們是否能被其他化學性質相似的元素所取代。砷在週期表中位於磷的下方，具有相似的原子結構。NASA 的研究人員知道，GFAJ-1 對砷有耐受性，他們也知道莫諾湖中磷的含量很少。於是他們把它放在富含砷的養分中培養，結果它繼續成長，即便養分中的磷完全被移除。細胞複製時需要建立新 DNA 的原始素材，在缺乏五種關鍵成分之一的情況下，這些生物是如何活下來的？

這支研究團隊在二〇一〇年底發表他們的研究成果，隨即在全球科學界引起一陣風暴。他們聲稱，GFAJ-1 事實上將其 DNA 結構中的磷換成了砷。如果這是真的，那麼我們正面對一個意義重大的問題：這些微生物是透過演化而獲得代謝砷的能力，還是它們源自另一個獨立的無生源事件？如果是後者，我們就知道生命可能源自兩個不同的情況，它或許不那麼罕見。

我們仍然不知道地球上的生命是如何開始的。即使有朝一日我們能夠回答這個問題，智慧生命出現的可能性有多大，又是另一個未解的謎。畢竟有可能生命現象出現在銀河系的許多地方，但智慧生物卻僅存在於一處。

針對烏鴉行為的近期研究顯示，這種禽鳥循著與人類完全不同的演化路徑，演化出相當出色的智慧。如果真的如此，智慧也許是達爾文演化論的必然結果。這個問題以及其他議題（例如數十億年

前單細胞生物如何演化為多細胞生物）將告訴我們，從無生源論到人類出現，兩者之間漫長演化歷程中的許多重要步驟，是否能在宇宙別處發生。

人本原理

有一個比費米悖論更深刻的問題，我得在本章結束前提一下。關於這個問題的探討之前只侷限於哲學界，近幾年則進入主流物理學的範疇。問題核心是一個叫做「人本原理」（anthropic principle）的概念，探討我們的宇宙（至少在我們所處的小角落）有多麼微小的概率，恰好微調到如此適合人類生存。現代版本的論點由澳洲宇宙學家布蘭登‧卡特（Brandon Carter）於一九七三年在一場慶祝哥白尼誕生五百週年的科學會議中提出並加以闡明，該會議在波蘭舉行。卡特的敘述如下：「我們成為觀察者所需的必要條件，必然會限制預期觀察到的一切。雖然我們不一定身處於宇宙中心，但在某個程度上無疑占據了某種特殊地位。」在這種場合提出這樣的想法特別引人注目，因為哥白尼正是第一位提出人類在宇宙中並未占有特殊地位的科學家。卡特卻在此提出，整個宇宙之所以看起來像目前的樣貌，是因為一旦宇宙有些微不同，我們將不復存在。讓我從我的專業領域核子物理學出發，提供讀者一個例子。自然界四大基本作用力的其中一種是強核力，這種力能將原子核結合起來。兩個氫原子核（只有一個質子）無法結合在一起，因為強核力的強度還不足以做到這件事。但它的強度卻足以使一個質子和一個中子結合，產生氘（即「重氫」原子的原子核）。這種原子核在

氫轉變成氦的核融合反應過程中扮演關鍵性的角色；這個反應點燃所有的恆星，並為我們提供孕育生命的太陽光與熱。如果強核力稍稍變強一點呢？它的強度有可能足以結合兩個質子，讓氫轉換成氦的過程變得容易許多。果真如此的話，宇宙中所有的氫將在大霹靂發生後隨即消耗殆盡。沒有氫，就不會與氧結合成水，因此（據我們所知）就沒有孕育出生命的機會。

人本原理似乎指出，我們的存在決定了宇宙的某些特性，因為一旦產生些微的差異，我們可能就不會出現在這裡問這些問題。不過，這點真的有這麼值得討論嗎？如果宇宙真的變得不一樣，或許我們（不論「我們」指的是什麼）也會依照那些條件所允許的方式演化，而且仍然會問：為什麼宇宙微調得這麼剛好？

思考這個問題的方法之一就是問自己：你是怎麼來的？你的父母相遇並生下你的機率究竟有多高？他們的父母生下他們的機率又有多少？一直推演下去。我們每個人都在漫長的一連串偶發事件的其中一端，另一端可以一直回溯到生命本身的起源。只要其中任何一個環節出了差錯，你就不會存在。如果願意，你可以思考人本原理怎麼運用到你身上；但比起中樂透的人思考他何以如此好運，思考這件事並沒有更有意義。如果開出的不是他的號碼，照樣有別人中獎，而且他可能也會思索不可思議的好運從何而來。

卡特的論點後來被稱為弱人本原理。除此之外還有強人本原理，指出宇宙非得成為目前的樣貌不可，好讓智慧生物能在某個時間點於某處誕生，以便對其存在提出質疑。這個版本有些微不同，帶有更多臆測性質，我個人認為是無稽之談。它賦予宇宙某種目的性，並且宣稱為了我們的誕生，宇宙藉由某種方式迫使自己呈現

目前的樣貌。這種論點甚至衍生出複雜的量子力學版本,足以和薛丁格的貓悖論「具有意識的觀察者」的解答相提並論——因為我們對宇宙的觀測,使宇宙的過去開始存在。在所有可能出現的宇宙當中,我們「選擇」了能讓我們存活於其中的那一個。

有個更簡單的方法能幫助我們解決人本原理的難題——如果我們接受多重宇宙的多元性。如果每一種可能的宇宙都存在,那麼發現自己生活在一個對我們而言恰到好處的宇宙,一點都不奇怪。

*

讓我們回到開頭的地方,也就是費米所提出關於太空安靜得出奇的問題,來為本章做個總結。這個對我們而言微調得恰到好處的宇宙,對於與我們相去不遠的其他生命形式來說,也會是個微調得恰到好處的宇宙。廣大宇宙中數以億計的星系意謂著,不論地球有多麼特殊或孕育出生命的機會多麼渺小,宇宙某處仍極可能也有生命存在。但或許,我們只是獨自生活在銀河系的小角落裡。

為什麼我們依然繼續尋找外星生命,儘管有可能只是白費力氣?因為我們不斷尋求關於存在這個基本問題的答案。生命是什麼?我們是獨一無二的嗎?身為人類的意義是什麼,我們在宇宙中又處於什麼地位?即使我們找不到這些問題的答案,我們仍會持續提出這樣的問題。

11 未解的問題

粒子能移動得比光速快嗎？我們是否擁有自由意志？
其他未解的謎……

　　希望讀者們都認同，我們已經成功地挑戰並破解最值得探討的九大科學悖論。我們已經驅逐了精靈，拯救了貓和祖父，阻止了孿生兄妹之間的爭執，與夜晚的星空握手言和，並且糾正了希臘人季諾。但你或許會懷疑，我特意選擇已被科學完美破解的悖論，刻意略過其他懸而未解的難題，因為解答尚未找到。沒錯。我們的宇宙依然充滿奧祕，令人著迷不已。

　　這些未解的難題與奧祕都屬於三大類問題的其中一類（或數類）：科學即將釐清與解決的問題；科學有朝一日（也許在長遠的將來）希望能解決的問題；以及科學可能無法解答的哲學或形上學問題，其原因包括超過科學的範疇，或者我們無論如何都想不出探討問題的方法，遑論提出令人滿意的解答。

　　在本書末尾，我只打算將一些待解的問題分門別類，而非鉅細靡遺地陳述這些問題。要強調的是，以下問題的排序並非依照我個人認為它們多快能獲得解決；此外，這份清單也是我個人極為主觀的選擇，既不具全面性，亦不侷限於造成悖論的問題與疑惑。我之所以把它們列出來，是為了凸顯宇宙還有多少課題有待我們研究，

以及我們目前的進度究竟到哪裡。

首先列出屬於第一類的十個問題。預期在我有生之年，科學將會找到滿意解答：

1. 宇宙中的物質（matter）為何比反物質（antimatter）多得多？
2. 暗物質（dark matter）是由什麼構成？
3. 暗能量（dark energy）究竟是什麼？
4. 有可能打造出全功能的隱形斗篷嗎？
5. 「化學自我聚合」（chemical self-assembly）在生命的形成上扮演多大的角色？
6. 有機分子長鏈如何折疊成蛋白質？
7. 人類的壽命長度是否有個絕對上限？
8. 記憶如何在大腦中儲存與擷取？
9. 我們是否有朝一日將具備預測地震的能力？
10. 傳統矽晶片的運算極限在哪？

接下來是十個我相信科學終將解決的問題，但不確定是否能在我的有生之年實現：

1. 粒子是否真的由微小的、振動的弦所構成？或者弦論（string theory）不過是一種聰明的數學罷了？
2. 大霹靂之前的宇宙有什麼？
3. 隱藏維度（hidden dimensions）真的存在嗎？
4. 大腦由何處產生意識？如何產生意識？

5. 機器能具有意識嗎？

6. 返回過去的時光旅行是否可能發生？

7. 宇宙是什麼形狀？

8. 黑洞的另一頭有什麼？

9. 是否有比量子的詭異特性更基本的物理原理？

10. 有沒有可能進行人體的量子瞬移傳送？

最後則是許多人認為屬於科學範疇，但我認為科學恐怕無法回答的問題：

1. 我們是否擁有自由意志？

2. 平行宇宙真的存在嗎？

3. 造成宇宙出現並存在的原因是什麼？

4. 究竟是我們發明數學來描述宇宙，抑或是物理方程式本來就存在，只等著我們去發現？

比光還快？

在最後一章結束之前，我想提供讀者一個許多人認為是潛在悖論的範例──如果近期的某個實驗結果可信的話。截至本書撰稿時為止，粒子物理學界有兩個懸而未解的謎，它們成為二〇一一年舉世皆知的頭條新聞，而日內瓦 CERN（歐洲核子研究機構）的粒子加速器進行中的實驗正企圖解決它們。第一個問題是，粒子是否能跑得比光速快；第二個則是難以捉摸的希格斯玻色子（Higgs boson）是否真的存在，這種粒子帶給宇宙萬物各自的質量。至截稿為止，這兩個問題的答案仍然沒有定論，都需要更進一步的實驗確認。為了讓這本書不至於一下子就過時，我打算冒險預測這兩個問題的解答：希格斯玻色子的存在將會在二〇一二年夏天獲得證實，而名為微中子的次原子粒子將會被確認以略低於光速行進。不過萬一我的預測出錯，屆時請不要來找我算帳。

上述的兩個重大消息分別是：備受爭議的「某些微中子能行進得比光速快」，以及初步發現希格斯粒子的存在。而前者較符合我們對於科學悖論的定義。

截至目前為止，故事是這樣的：瑞士的 CERN 實驗室及義大利的格蘭沙索（Gran Sasso）國家實驗室進行一項合作研究，測量行經兩個實驗室之間微中子束的傳遞速度，這條四百五十四英里的直線路徑穿過地表下的堅硬岩石。這些微中子之所以能像穿越太空一樣穿過地球前進，是因為它們幾乎不會與任何物質產生交互作用。事實上，此刻正有數以兆計的微中子（其中多數由太陽產生）正穿過你的身體，而你卻渾然不覺。

這個名為 OPERA（「乳膠尋跡儀微中子震盪計畫」的縮寫：Oscillation Project with Emulsion-tRacking Apparatus）的合作計畫，其核心是一部座落於格蘭沙索的大型精密儀器，能夠捕捉到極小部分這種難以偵測粒子的軌跡。二〇一一年九月，參與研究的科學家宣布，他們記錄到由 CERN 發射出來的微中子，抵達時間比光提早了一兆分之六十秒。這個速度雖然只比光快上一點點，但依舊不可思議。

根據我們對物理定律的了解，沒有任何物體能快過光速。不過

根據我的經驗，在愛因斯坦的相對論中，最令一般人難以接受的部分正是這個宇宙速限。自從愛因斯坦於一九〇五年發表他的理論以來，已經有數以千計的實驗結果確認其正確性。不僅如此，現代物理體系的美妙絕大部分建立在相對論的基礎上。重點不在於光有多麼特別，而在於這個速限與時空結構合而為一。

但如果愛因斯坦錯了呢？該怎麼解釋 OPERA 的發現？科學理論存在的目的乃是為了成為箭靶，讓新的實驗證據證明其侷限性，並且用更精確、涵蓋範圍更廣的理論取而代之。不過，石破天驚的主張需要石破天驚的證據支撐，而 OPERA 的科學家是第一批承認不知道為什麼會出現這種結果的人，他們無法從他們的實驗細節中挑出任何毛病。

在媒體大肆渲染愛因斯坦出了差錯之後，戲劇性的轉折出現了。另一項也在格蘭沙索進行、名為 ICARUS 的對手實驗，也捕捉到一小部分來自 CERN 的微中子，但這個實驗測量的是它們所攜帶的能量，而非行經這段距離所耗的時間。在 OPERA 的初步結果公布之後，隨即有理論物理學家指出，如果微中子真的超越光速，那麼它們將會一路釋出輻射，不斷喪失能量。如果它們沒有喪失能量，就有如飛機突破音障卻不產生音爆一樣奇怪；這是不可能的。

ICARUS 實驗的科學家宣布，他們並未發現任何關於微中子釋放出這種輻射的證據，抵達的微中子所具有的能量與發射時相同。因此，這種粒子可能並未行進得比光還快。

重點在於，相對於 OPERA 證明愛因斯坦的錯誤，ICARUS 並未能更加有力地證明愛因斯坦的正確性。兩者都是實驗量測的結果，而非「發現」。必須由其他實驗室獨立進行一項新的實驗，才

能適當地進行驗證。我相信，新的實驗將會證明光速仍然保持世界紀錄的地位。

　　不過，如果微中子真的比光還快，我會滿心歡喜。這個發現一旦證實，將成為全世界物理學家的樂園。大家會進行腦力激盪，整個黑板寫滿方程式，而諾貝爾獎將是解決微中子悖論的新愛因斯坦的囊中物。❻

---

❻譯註：本章中的兩大未解問題都已經塵埃落定，後續發展如下：

1. 關於OPERA實驗所偵測到的微中子速度異常現象，該實驗團隊在二〇一二年二月發現GPS接收器到OPERA主計時器之間的線路連接不良，導致測量到的微中子抵達時間提早了。修正此一誤差後，根據OPERA於二〇一二年七月宣布的最終結果，微中子速度並未超過光速。

2. CERN已於二〇一二年七月四日正式宣布，確認希格斯玻色子的存在。作者在文中對於這兩個問題解答的預測都是對的。

●國家圖書館出版品預行編目資料

悖論：破解科學史上最複雜的9大謎團 / 吉姆.艾爾-卡
利里(Jim Al-Khalili)著；戴凡惟譯.
-- 臺北市：三采文化，2013.04
　面；　公分. -- (Focus；44)
譯自：Paradox：the nine greatest enigmas in science
ISBN 978-986-229-874-9(平裝)

1.物理學 2.悖論

330　　　　　　　　　　　　　　1020042492

Focus 44

悖論
破解科學史上最複雜的9大謎團

作者	吉姆·艾爾—卡利里（Jim Al-Khalili）
譯者	戴凡惟
責任編輯	洪韻涵
校對	老王
封面設計	池婉珊
內頁排版	池婉珊　晨捷印製股份有限公司
發行人	張輝明
總編輯	曾雅青
發行所	三采文化股份有限公司
地址	台北市內湖區瑞光路513巷33號8樓
傳訊	TEL:8797-1234　FAX:8797-1688
網址	www.suncolor.com.tw
郵政劃撥	帳號：14319060
	戶名：三采文化股份有限公司
初版發行	2013年04月04日
21刷	2023年11月15日
定價	NT$280

Paradox: The Nine Greatest Enigmas in Science
Copyright © 2012 Jim Al-Khalili
TRADITIONAL CHINESE language edition published by © 2013 SUN COLOR CULTURE CO.,
LTD. All rights reserved.
This edition arranged with Conville & Walsh Limited through Andrew Nurnberg Associates
International Limited